Körperregionen und Gefiederpartien einer Goldammer

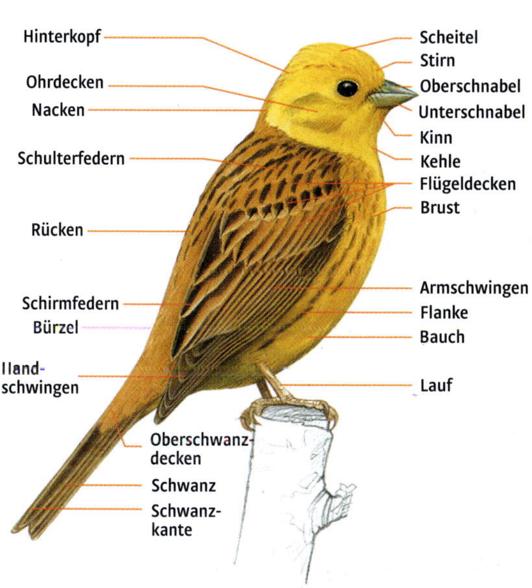

Kopfzeichnung eines Sommergoldhähnchens

KOSMOS Basics

Welcher Singvogel ist das?

Volker Dierschke

KOSMOS

Einführung

Etwas mehr als die Hälfte der weltweit ungefähr 10 000 Vogelarten gehört zur Ordnung der Passeriformes, die im Deutschen »Singvögel« genannt wird. Zwar sind auch von den meisten anderen Vogelarten mehr oder weniger wohlklingende Lautäußerungen bekannt, doch sind es gerade viele Singvögel, deren zu Strophen aneinander gereihte Töne uns Menschen als »Gesang« an die eigene Musikalität erinnern. Seit jeher haben deshalb Vogelgesänge auch in der Kultur der Menschen eine große Rolle gespielt, und noch heute gehört es zu den eindrucksvollsten Naturerlebnissen, einem Konzert der Vogelstimmen zu lauschen – sei es auf der heimischen Terrasse, bei einem Morgenspaziergang im Wald oder während des Urlaubs in fernen Ländern. Natürlich singen die Vögel nicht deshalb, um uns Menschen zu erfreuen, sondern verfolgen damit ganz andere, für sie lebenswichtige Ziele. Bei fast allen Singvögeln singen nur oder zumindest überwiegend die Männchen, auch wenn etliche Arten bekannt sind, deren Weibchen ebenfalls dieselben oder ähnliche Strophen erklingen lassen.

Vogelgesang erklingt bei uns schon früh im Jahr, sobald die Tage heller und wärmer werden. Denn nun beginnen die Vögel nach und nach, ihre Brutreviere aufzusuchen; zuerst die Überwinterer, die die Heimat gar nicht verlassen haben, dann die allmählich eintreffenden Zugvögel, die gerade erst mehrere tausend Kilometer aus Afrika herbeigeeilt sind und dennoch sofort mit dem Singen anfangen. Der Gesang dient nämlich vor allem der Abgrenzung des eigenen Brutreviers gegenüber benachbarten Konkurrenten und gleichzeitig dem Anlocken von Weibchen. Diese erkennen an der Qualität des vom Männchen besetzten Reviers, ob es sich beim Inhaber um einen solch kräftigen und durchsetzungsfähigen Partner handelt, mit dem die Aufzucht von Jungvögeln gelingen wird.

Sobald die Paarbildung vollzogen ist, lässt bei vielen Singvogelarten die Gesangsaktivität stark nach, denn nun steht das Brutgeschäft im Vordergrund. Andererseits erhalten etliche Singvogelarten auch dann ihre akustische Reviermarkierung aufrecht, um die zur Jungenaufzucht benötigten Nahrungsressourcen für sich zu sichern. Bei einigen Arten wie dem Zaunkönig kann man den Gesang selbst den ganzen Winter hindurch hören, weil diese Vögel auch in der kalten Jahreszeit kleine Nahrungsreviere verteidigen. Am intensivsten ist der Vogelgesang aber zweifellos von März bis Juni. Innerhalb des Frühjahrs gibt es feine tageszeitliche Unterschiede zwischen den Arten, wann wer singt. Recht wenige Arten singen fast die ganze Nacht hindurch, z. B. Nachtigall, Sumpfrohrsänger und Feld-

schwirl. Bereits kurz vor der Morgendämmerung setzt sich die »Vogeluhr« in Gang, d. h. die verschiedenen Arten beginnen nach und nach in fast immer gleicher Reihenfolge zu singen. So sind im Siedlungsbereich bei noch völliger Dunkelheit Haus- und Gartenrotschwanz die Ersten, während die Amsel wenig später bei beginnender Dämmerung einsteigt. Noch vor Sonnenaufgang kommen Zaunkönig und Kohlmeise hinzu. Wenn bei Sonnenaufgang auch Grün- und Buchfink ihre Stimme erklingen lassen, sind die Amseln schon weitgehend wieder verstummt. Schließlich beginnen auch die Stare mit ihrem quietschenden Gesang.
Der Morgen ist eindeutig die Tageszeit mit der höchsten Gesangsaktivität, doch einzelne Vögel singen auch zu allen anderen Tageszeiten. Schließlich gibt es einen erneuten Anstieg in der Abenddämmerung. Die Vögel legen also ihren Gesang möglichst in die kühle, feuchte Tageszeit, in der die Nahrungssuche wegen Dunkelheit und geringer Insektenaktivität erschwert ist.

Vogelstimmen lernen

So eindrucksvoll ein morgendliches Vogelkonzert ist, so schwierig ist es doch für den Ungeübten, aus dem Stimmengewirr einzelne Gesänge herauszuhören und einer Vogelart zuzuordnen. Einfacher ist es, mit dem Erlernen der Vogelstimmen zu Tageszeiten zu beginnen, die etwas ruhiger sind, z. B. vormittags. Am besten kann man sich Vogelstimmen merken, wenn man den dazugehörigen Sänger gesehen hat und sich später Stimme und Bild gemeinsam ins Gedächtnis rufen kann. Es empfiehlt

Wie viele andere Singvögel brüten Stare gern in Nistkästen, die in Gärten und Wäldern für sie aufgehängt werden.

sich daher, den Urheber des Gesangs im Baum oder auf dem Hausdach zu suchen und ihn eine Weile beim Singen zu beobachten, vorzugsweise mit einem Fernglas. Manche Gesänge lassen sich leicht mit »Merksätzen« verbinden (»ich-ich-ich-bin-der-Bräutigam« beim Buchfinken), die auch in diesem Buch genannt sind. Andererseits ist es oft schwer, Vogelgesänge mit Worten zu beschreiben.
Es kann deshalb eine große Hilfe sein, Vogelstimmen auf Kassette oder CD anzuhören und mit den draußen beobachteten Stimmen zu vergleichen, auch im Internet finden sich heute viele Beispiele. Es ist aber oft schwer, in Sammlungen mit Hunderten von Gesängen die richtige Stimme zu identifizieren. Besonders ratsam ist es deshalb, mit Experten auf Exkursion zu gehen und sich zumindest das Basiswissen erklären zu lassen. Vogelstimmenexkursionen werden im Frühjahr in fast jedem größeren Ort angeboten, oft durch die örtlichen Arbeitsgruppen des Naturschutzbundes Deutschland (NABU) oder in Volkshochschulen.

Singvögel in Mitteleuropa
Dieses Buch behandelt alle im mittleren Europa regelmäßig vorkommenden Singvögel, insgesamt 124 Arten. Hinzu kommen zwei Seglerarten, die wegen der Verwechslungsmöglichkeit mit Schwalben ebenfalls vorgestellt werden. Die meisten dieser Singvögel brüten in Mitteleuropa. Ein Teil bleibt auch nach der Jungenaufzucht bei uns, andere ziehen im Herbst in wärmere Gefilde, da sie in der kalten Jahreszeit bei uns nicht ausreichend Nahrung finden würden. Meist sind es deshalb die relativ dünnschnäbeligen Insektenfresser, die den Winter anderswo verbringen – manche im Mittelmeerraum, manche südlich der Sahara in Afrika bis hinunter zur Südspitze des Kontinents.
Einige Singvogelarten brüten nicht bei uns, sondern kommen ihrerseits zwecks Überwinterung nach Mitteleuropa. Dabei handelt es sich in der Regel um die mit eher kräftigen Schnäbeln ausgestatteten Körnerfresser, die in Skandinavien und Nordrussland beheimatet sind. Vielfach werden dabei auch unsere heimischen Standvögel um nordische Zuwanderer derselben Arten ergänzt. Insgesamt sind es in Europa etliche Zigmillionen Singvögel, die sich alljährlich im Frühjahr und Herbst auf ihre Wanderungen begeben, der Gesamtbestand europäischer Singvögel (ohne Russland) lässt sich grob auf 800 Millionen Vögel schätzen (darunter der Buchfink als häufigster mit 85 Millionen Tieren).

Artensteckbriefe
In den nachfolgenden Artensteckbriefen werden die mitteleuropäischen Singvögel in Wort und Bild vorgestellt. Während die Fotos den Gesamteindruck eines Vogels und die Färbung von Gefieder, Schnabel und Beinen authentisch wiedergeben, wird im Text auf die bei der Bestimmung benötigten **Merkmale** hingewiesen. Bei Singvögeln ist stets auch die **Stimme** ein nützlicher Hinweis bei der Artbestimmung. Es wird deshalb versucht, in kurzen Worten die Gesangsstrophen und deren Klangfarbe zu charakterisieren. Sofern nützlich bei der Bestimmung, werden hier auch die Rufe, die meist entweder zum Warnen vor Gefahren oder dem Zusammenhalt von Familien und Trupps dienen, beschrieben. Besonders wichtige Kennzeichen sind bei jeder Art stichwortartig in einem Kästchen zusammengefasst und erlauben einen schnellen Überblick. An gleicher Stelle ist bei Zugvögeln angegeben, in welchem Zeitraum sie bei uns anzutreffen sind. Sowohl bei der Bestimmung der Vögel als auch bei der Vorbereitung von Exkursionen ist es gut zu wissen, welche Vogelarten in welchen Lebensräumen erwartet werden können. Im Text sind deshalb unter der Rubrik **Vorkommen** nicht nur die jeweiligen Verbreitungsgebiete, sondern auch die bewohnten Lebensräume genannt. Unter **Wissenswertes** werden schließlich bei jeder Art einige interessante Details ihrer Lebensweise aufgeführt, die als erster Einblick in die Biologie der Vögel dienen sollen. Schnell wird dadurch deutlich, wie unterschiedlich sich die verschiedenen Arten verhalten und an ihre jeweiligen Lebensumstände angepasst sind. Zur schnelleren Orientierung für den Leser sind die Singvögel mit einem Farbcode am oberen Seitenrand sortiert – zum einen nach Verwandtschaft, zum anderen nach Ähnlichkeiten in Gesamteindruck und Statur. So sind beispielsweise alle dickschnäbeligen Singvögel (Finken, Ammern, Sperlinge) zu einer Gruppe zusammengefasst.

Mit lautem Gesang markieren Buchfinken-Männchen ihr Brutrevier.

Bestimmungsteil

1 Uferschwalbe

Riparia riparia

- braune Oberseite
- braunes Brustband
- leicht gegabelter Schwanz
- April–Sept.

Merkmale Länge 12–13 cm; kleine Schwalbe mit brauner Oberseite, weißer Unterseite und braunem Brustband; Schwanz nur leicht gegabelt. **Stimme** Raues Schnarren. **Vorkommen** Sommervogel in ganz Europa, der in Afrika südlich der Sahara überwintert. Brütet in Steilufern an Flüssen, Baggerseen und Steilküsten. **Wissenswertes** An sandigen Steilufern gründen Uferschwalben Brutkolonien, die mehrere hundert Paare umfassen können, aber oft nur wenige Jahre Bestand haben. Die in den Sand gegrabenen Niströhren sind bis zu 120 cm tief und enden in einer Brutkammer.

2 Rauchschwalbe

Hirundo rustica

- bläulich schillernde Oberseite
- rotes Gesicht
- lange Schwanzspieße
- März–Okt.

Merkmale Länge 17–21 cm; oben schwarz mit bläulichem Glanz, unten weiß, Gesicht und Kehle ziegelrot; tief gegabelter Schwanz. **Stimme** Plaudernder Zwitschergesang. **Vorkommen** Sommervogel in ganz Europa, zieht zum Überwintern bis Südafrika. Brütet meist in Gebäuden, auch unter Brücken. **Wissenswertes** Da Männchen mit längeren Schwanzspießen einen höheren Bruterfolg haben, dienen diese als Signale, die den Weibchen die Qualität eines Männchens anzeigen. Nach der Brutzeit und im Winterquartier sammeln sich Rauchschwalben zu großen Schwärmen.

3 Mehlschwalbe

Delichon urbicum

- weißer Bürzel
- leicht gegabelter Schwanz
- April–Okt.

Merkmale Länge 13–15 cm; Oberseite schwarz mit kreideweißem Bürzel, Unterseite weiß; Schwanz nur leicht gegabelt. **Stimme** Ruft trocken »prritt«. **Vorkommen** Ursprünglich Brutvogel an Felswänden, heute zumeist an Häusern in Städten und Dörfern, häufig in Kolonien. Im Sommer in ganz Europa, im Winter in Afrika südlich der Sahara. **Wissenswertes** Anders als Rauchschwalben, die gern flach über dem Boden jagen, fliegen Mehlschwalben bei der Jagd nach Insekten meist höher am Himmel und sind dort gelegentlich gemeinsam mit den deutlich größeren Mauerseglern zu beobachten.

1

2

3

1 Felsenschwalbe

Ptyonoprogne rupestris

> braune Ober- und Unterseite
> weiße Punkte am Schwanz
> März–Sept.

Merkmale Länge 14–15 cm; Gefieder oberseits dunkelbraun, unterseits hellbraun, mit dunklen Unterflügeldecken und weißen Punkten am Schwanz. **Stimme** Zwitschernder Gesang, kurze Rufe. **Vorkommen** Lebt vom Mittelmeerraum und den Alpen bis China in felsiger Landschaft bis hinauf ins Hochgebirge. Teils Jahresvogel, in kälteren Brutgebieten Zugvogel. **Wissenswertes** Im Jagdflug schnappen Felsenschwalben Insekten aus der Luft oder picken sie vom Gestein. Ihre Nester bauen sie bevorzugt aus Lehm und Halmen in überdachten Felsspalten, aber auch an Gebäuden und sogar in Straßentunnels.

2 Mauersegler

Apus apus

> schwärzliches Gefieder
> lange, sichelförmige Flügel
> April–Sept.

Merkmale Länge 17–19 cm; schlanker, schwalbenähnlicher Vogel mit schmalen, sichelförmigen Flügeln und gegabeltem Schwanz; Gefieder schwärzlich. **Stimme** Schrille Rufe. **Vorkommen** Sommervogel in ganz Europa, der meist unter Dächern und in Felsspalten, aber auch in Baumhöhlen brütet. Überwintert in der Südhälfte Afrikas. **Wissenswertes** Außer zum Bebrüten der Eier halten sich Mauersegler immer in der Luft auf (**2b**), selbst zum Schlafen und zur Paarung. Laut rufende Trupps, die in reißendem Flug den Himmel bevölkern, gehören im Sommer zum Flair vieler Städte.

3 Alpensegler

Apus melba

> sehr groß
> weißer Bauchfleck
> März–Sept.

Merkmale Länge 21–23 cm; Gestalt sehr ähnlich dem viel kleineren und dunkleren Mauersegler; Bauch und Kehle auffallend weiß, durch braunes Brustband voneinander getrennt. **Stimme** Trillernde Rufe. **Vorkommen** Sommervogel in Gebirgen und Städten, der im südlichen Afrika überwintert. In Deutschland nur in Baden-Württemberg, vor allem in Freiburg. **Wissenswertes** Segler gehören zwar nicht zu den Singvögeln, werden hier aber wegen ihrer Ähnlichkeit zu Schwalben vorgestellt. Alpensegler brüten in Kolonien an Felswänden oder an Dächern höherer Gebäude und sind auch bei ihren Jagdflügen gesellig.

1

2a

2b

3

1 Bachstelze

Motacilla alba

> Gefieder schwarz-weiß-grau
> langer Schwanz
> häufiges Schwanzwippen
> März–Okt.

Merkmale Länge 17–19 cm; langschwänzig, Gefieder schwarz-grau-weiß; Männchen (**1a**) kontrastreicher gefärbt als Weibchen (**1b**); Jungvögel haben abgesehen von ihrem Kehllatz wenig Schwarz im Gefieder. **Stimme** Gesang unauffälliges Zwitschern, Ruf markant »zi-witt«. **Vorkommen** Brütet in fast ganz Europa, wird aber in Großbritannien von der Trauerbachstelze ersetzt (siehe unten). Im Westen und Süden des Kontinents sind Bachstelzen Jahresvögel, sonst Zugvögel mit Überwinterung im Mittelmeerraum. Sie bewohnen die offene Kulturlandschaft in unterschiedlichster Ausprägung, halten sich aber meist in der Nähe von Gewässern auf. **Wissenswertes** Bei der Nahrungssuche laufen Bachstelzen am Boden umher und verfolgen dabei Insekten mit schnellen Schritten oder kurzen Flügen. Ihre napfförmigen Nester bauen sie in Höhlungen oder Spalten verschiedenster Art, sowohl an Gebäuden und Brücken als auch am Bachufer, in Schutthaufen oder in Büschen. Außerhalb der Brutzeit sind Bachstelzen sehr gesellig: Abends sammeln sie sich zunächst an erhöhten Stellen (Dächer, Bäume), um dann gruppenweise zu großen Schlafplätzen zu fliegen, die sich in Röhricht, Gebüschen oder auch auf Bäumen befinden und oft Hunderte von Vögeln beherbergen.

2 Trauerbachstelze

Motacilla yarrellii

> Rücken schwarz
> Flanken grau bis schwarz
> März–Okt.

Merkmale Länge 17–19 cm; sehr ähnlich der Bachstelze, aber Männchen wirken mit schwarzem Rücken und schwarzen Flanken viel dunkler. Weibchen sind schwerer von Bachstelzen zu unterscheiden und sind am besten an dunkelgrauen Flanken und schwärzlichem Bürzel zu erkennen. **Stimme** Wie Bachstelze. **Vorkommen** Die Trauerbachstelze ist der britische Vertreter der Bachstelze, der vereinzelt an der kontinentalen Nordseeküste brütet und durchzieht. Größtenteils Jahresvogel, zieht aber teilweise bis Marokko. **Wissenswertes** Bis vor kurzem wurde die Trauerbachstelze als Unterart der Bachstelze angesehen. Wiederholt wurde auf deutschen Nordseeinseln festgestellt, dass sich einzelne Trauerbachstelzen mit heimischen Bachstelzen verpaaren und erfolgreich Jungvögel aufziehen.

1a

1b

2

1 Schafstelze

Motacilla flava

> gelbe Unterseite
> weiße Schwanzaußenkanten
> April–Sept.

Merkmale Länge 15–16 cm; Männchen (**1a**) unterseits leuchtend gelb, oberseits olivgrün, Kopf grau mit weißem Überaugenstreif; Weibchen (**1b**) bei ähnlicher Farbverteilung viel blasser. **Stimme** Abgehackter Gesang aus 2–3 Tönen, der von erhöhten Punkten wie langen Halmen oder Zaunpfählen aus vorgetragen wird. Ruf leicht abfallend »psiee«. **Vorkommen** Brütet in Feuchtwiesen und Getreidefeldern im größten Teil Kontinentaleuropas und überwintert südlich der Sahara in Afrika. **Wissenswertes** Auf der Suche nach Insekten gesellen sich Schafstelzen gern zu Rindern und anderem Weidevieh und wurden deshalb früher auch Viehstelzen genannt. Die Nester werden gut im Gras versteckt in Bodenmulden gebaut. Dabei sammelt allein das Weibchen Halme, Blätter und Haare als Nistmaterial. Zur Zugzeit und im Winter sieht man Schafstelzen fast immer in Trupps, tagsüber bei der Nahrungssuche, besonders aber an abendlichen Schlafplätzen: Zu Zigtausenden fallen sie stellenweise in Röhrichtbestände ein. Die ehemals 13 Unterarten, die bis Ostasien verbreitet sind und sich vorwiegend in der Kopfzeichnung unterscheiden, werden wie die Nordische Schafstelze (siehe unten) inzwischen als eigenständige Arten angesehen. So haben die auf den Britischen Inseln lebenden Männchen der Englischen Schafstelze *M. flavissima* einen grünlich gelben Kopf, diejenigen der auf dem Balkan und in der Türkei beheimateten Maskenschafstelze *M. feldegg* eine tiefschwarze Kappe.

2 Nordische Schafstelze

Motacilla thunbergi

> dunkelgraue Kappe
> gelbe Unterseite
> April–Sept.

Merkmale Länge 15–16 cm; wie Schafstelze, aber Männchen mit gräulich schwarzem Oberkopf und Nacken, Weibchen an Kopf und Rücken kaum merklich dunkler. **Stimme** Wie Schafstelze. **Vorkommen** Brutvogel in der Taiga und Tundra von Skandinavien und Westsibirien. Auf dem Zug zwischen dem Brutgebiet und dem Überwinterungsgebiet – in Afrika südlich der Sahara – rasten Nordische Schafstelzen auch in Mitteleuropa. **Wissenswertes** In Schweden, besonders aber in Finnland, gibt es Mischpopulationen mit der Schafstelze. Auf dem Zug kann man die beiden Arten in gemischten Trupps sehen.

1a

1b

2

1 Gebirgsstelze

Motacilla cinerea

> gelbe Unterseite
> schwarze Kehle
> langer Schwanz

Merkmale Länge 17–20 cm; sehr langschwänzig; Männchen (**1a**) haben zur Brutzeit eine graue Oberseite, eine leuchtend gelbe Unterseite und eine schwarze Kehle, sind im Winter aber deutlich blasser; Weibchen ähnlich, aber ebenfalls blasser. Bei Jungvögeln (**1b**) ist nur der Unterschwanz gelb. Beim Abflug stets am gelblich grünen Bürzel von Bachstelzen zu unterscheiden. **Stimme** Kurzer Gesang aus hellen, scharfen Tönen, der oft im Singflug dargeboten wird. Rufe höher als die der Bachstelze. **Vorkommen** Brütet an schnell fließenden Bächen und Flüssen von Südskandinavien bis Marokko, aber auch in großen Teilen Asiens. Meist ganzjährig anwesend, aber in Skandinavien und Asien Zugvogel. **Wissenswertes** Gebirgsstelzen sitzen gern schwanzwippend auf Steinen inmitten der Fließgewässer. Dort picken sie Insekten vom Boden auf oder fangen sie aus der Luft. Das Nest wird unter Baumwurzeln oder zwischen Steinen direkt am Ufer gebaut, häufig auch unter kleinen Brücken. Dabei suchen beide Geschlechter das Nistmaterial. In Mitteleuropa können in längeren Frostperioden Verluste unter den überwinternden Gebirgsstelzen auftreten. Ähnlich wie bei anderen Vögeln, die an schnell fließenden Gewässern leben (z. B. Wasseramsel und Eisvogel), dient die hohe Stimmlage der besseren Hörbarkeit von Rufen und Gesängen bei laut rauschendem Wasser.

2 Zitronenstelze

Motacilla citreola

> gelber Kopf
> grauer Rücken
> weiße Flügelbinden
> Mai–Okt.

Merkmale Länge 16–17 cm; bei Männchen Kopf und Unterseite leuchtend gelb, Rücken grau; Weibchen blasser mit grauen Partien am Kopf und weißlichem Bauch; Jungvögel ähneln jungen Bachstelzen, doch fehlt ihnen deren schwarzer Latz. **Stimme** Gesang stockend, Flugruf rau »tsrripp«. **Vorkommen** Brütet in Sibirien und Osteuropa in sumpfigen Wiesen und an Gewässerufern, im Winter von Pakistan bis Indochina, auf dem Zug vereinzelt in Mitteleuropa. **Wissenswertes** Als Brutvogel hat sich die Art in jüngster Zeit von der Ukraine aus nach Polen und vereinzelt nach Norddeutschland ausgebreitet. Die wenigen in Mitteleuropa durchziehenden Zitronenstelzen halten sich gern in nassen oder schlammigen Bereichen auf und sind dort oft mit anderen Stelzen vergesellschaftet.

1a

1b

2

1 Wiesenpieper

Anthus pratensis

> unscheinbar braun und gestreift
> herabgleitender Singflug
> ruft kurz »ist ist«

Merkmale Länge 14–15 cm; Grundfarbe oberseits grünlich braun, unterseits weißlich, aber jeweils starke schwärzliche Streifung bzw. Strichelung; weiße Schwanzaußenkanten. **Stimme** Gesang ertönt im Singflug, der am Boden startet. Ruft kurz »ist« (auch doppelt). **Vorkommen** In Mittel- und Westeuropa ganzjährig, in Nord- und Osteuropa Zugvogel (Überwinterung in Südeuropa und Nordafrika). Bewohnt verschiedenartiges offenes Gelände. **Wissenswertes** In Mitteleuropa gehören Wiesenpieper zu den häufigsten Durchzüglern. Überwinterer weichen bei Kälteeinbrüchen in wärmere Gefilde aus.

2 Baumpieper

Anthus trivialis

> kräftige Brust-strichelung
> ruft rau »tsrrrie«
> April–Sept.

Merkmale Länge 14–16 cm; sehr ähnlich dem Wiesenpieper, aber markantere Kopfzeichnung und wärmer braun getönte Brust. **Stimme** Gesang ähnlich dem des Wiesenpiepers, aber der Singflug wird von Baumspitzen aus gestartet. Ruft rau und trocken »trrrit«. **Vorkommen** Brutvogel in fast ganz Europa, der südlich der Sahara in Afrika überwintert. Brütet in Waldlichtungen und an Waldrändern, außerhalb der Brutzeit in offenem Gelände. **Wissenwertes** Ihre Zugstrecken legen Baumpieper bevorzugt in den ersten Morgenstunden zurück, um dann den Rest des Tages für Rast und Nahrungssuche zu nutzen.

3 Rotkehlpieper

Anthus cervinus

> Kehle und Kopf rötlich
> helle Rückenstreifen
> feiner Ruf
> April–Okt.

Merkmale Länge 14–15 cm; vom Wiesenpieper durch cremefarbene Rückenstreifen und gestrichelten Bürzel zu unterscheiden; Kopf und Brust besonders zur Brutzeit, aber sehr variabel ziegelrot gefärbt. **Stimme** Ruft fein und lang gezogen »psieee«, ähnliche Elemente charakterisieren auch den Singflug. **Vorkommen** Bewohnt die Tundra in Nordskandinavien, Sibirien und Alaska, überwintert aber in den Tropen von Afrika bis Südostasien. **Wissenswertes** Rotkehlpieper sind in Mitteleuropa seltene Durchzügler, die oft zusammen mit Schafstelzen in nassen Wiesen und auf matschigen Flächen rasten.

1

2

3

1 Bergpieper

Anthus spinoletta

> dunkle Beine
> Kopf grau
> Brust rosa

Merkmale Länge 16–17 cm; im Sommer (**1a**) mit grauem Kopf und rosa angehauchter Brust, im Winter (**1b**) ähnlich Wiesenpieper, aber oberseits schwächer und unterseits feiner gestrichelt; Beine im Sommer dunkelgrau, im Winter teilweise heller. **Stimme** Der bis zu 30 m hohe Singflug ist länger als beim Wiesenpieper. Auch die Rufe sind feiner und lang gezogener als beim Wiesenpieper, aber sehr ähnlich dem Strandpieper. **Vorkommen** Brütet in offenem Gelände in Hoch- und Mittelgebirgen Mittel- und Südeuropas, in der Regel oberhalb der Waldgrenze. Zieht zum Überwintern ins Flachland vom Mittelmeer bis Norddeutschland, dort von Oktober bis Mitte April auf Schlammflächen oder in nassen Wiesen, im Gegensatz zum Strandpieper aber seltener in Salzwiesen. **Wissenswertes** Die Nahrung besteht zu allen Jahreszeiten überwiegend aus Insekten und wird am Boden gesucht, gern an Rändern von Schneefeldern und anderen feuchten Stellen. Bei geschlossener Schneedecke wird dagegen die Umgebung von Murmeltierbauten bevorzugt. Bei der Wahl des Neststandorts gehen Bergpieper sehr sorgfältig vor: Aus Schutz vor Schnee wählen sie nach oben geschlossene Nischen oder Halbhöhlen, die sich zudem zum Schutz vor Nesträubern an steilen Böschungen befinden. Im Winterhalbjahr sammeln sich Bergpieper abends an Schlafplätzen.

2 Strandpieper

Anthus petrosus

> langer, weißer Hals
> im Sommer mit Federhaube

Merkmale Länge 16–17 cm; im Sommer sehr ähnlich dem Bergpieper, aber oft auch im Brutkleid unterseits gestrichelt; im Winter düster olivgrün mit dunkler, verwaschen wirkender Strichelung und grauen Schwanzaußenkanten; etwas größer und kräftiger gebaut als Wiesenpieper. **Stimme** Rufe ähnlich Wiesenpieper, aber langgezogener (»ihst«). **Vorkommen** Brutvogel an felsigen Küsten von der Bretagne bis Nordskandinavien, im Winter von Dänemark bis Marokko. **Wissenswertes** Auch im Winter leben Strandpieper fast ausschließlich am Meer. In Salzwiesen und ähnlichen Lebensräumen ernähren sie sich von Insekten und Flohkrebsen, die sie vor allem an Prielrändern erbeuten. An felsigen Küsten besteht die Nahrung dagegen auch aus kleinen Meeresschnecken.

1a

1b

2

1 Spornpieper

Anthus richardi

> lange Beine
> gestrichelte Brust
> kräftiger Schnabel
> Sept.–Nov.

Merkmale Länge 17–20 cm; großer, kräftig gebauter Pieper mit langen Beinen und langer Hinterkralle; gestrichelte Brust und kräftiger Schnabel; ist vom Brachpieper auch durch den fehlenden dunklen Zügelstreif zu unterscheiden. **Stimme** Ruft kratzend »tschrriep«. **Vorkommen** Brutvogel in Steppen und Grasland von Mittelsibirien bis Ostasien, der zum Überwintern nach Indien und Südostasien zieht, aber jeden Herbst in kleiner Zahl auch in Mittel- und Westeuropa erscheint. **Wissenswertes** Auf dem Zug wurden Spornpieper bis in 6300 m Höhe am Mt Everest beobachtet.

2 Brachpieper

Anthus campestris

> sandfarbenes Gefieder
> schwarze Flügelbinde
> Brust kaum gestrichelt
> April–Sept.

Merkmale Länge 16–18 cm; großer, im Alterskleid (**2b**) relativ einfarbig grau-sandfarben wirkender Pieper mit dunklem Zügelstreif; nur Jungvögel (**2a**) haben eine deutliche Bruststrichelung. **Stimme** Gesang aus wenigen Silben im wellenförmigen Singflug, Ruft spatzenähnlich »tschilp«. **Vorkommen** Brütet in trockenem, sandigem Gelände in Mittel- und Südeuropa, Überwinterung in Arabien und der Sahelzone. **Wissenswertes** Die Insektennahrung des Brachpiepers besteht vorwiegend aus Käfern. Größere Beutetiere wie Heuschrecken werden mit Schnabelhieben zerkleinert.

3 Ohrenlerche

Eremophila alpestris

> schwarz-gelber Kopf
> lange »Federohren«
> weiße Unterseite
> Sept.–Mai

Merkmale Länge 16–19 cm; unverwechselbares schwarz-gelbes Kopfgefieder mit schwarzen Federohren; Oberseite braun, Unterseite weiß. **Stimme** Metallisch klingende, hohe Rufe »ih-dlieh«. **Vorkommen** Brütet in Tundra und Gebirgsregionen Eurasiens und Nordamerikas. Nordeuropäische Brutvögel überwintern an der Nordsee und im angrenzenden Binnenland. **Wissenswertes** Ohrenlerchen fressen im Sommer Insekten und Würmer, im Winter aber fast ausschließlich Samen. In schneereichen Gebieten graben Ohrenlerchen bis zu 30 cm tiefe Tunnel, um an Nahrung zu gelangen.

1

2a

2b

3

1 Feldlerche

Alauda arvensis

> kleine Haube
> weißlicher Flügelhinterrand
> lang andauernder Singflug

Merkmale Länge 16–18 cm; Oberseite und Kopf braun gemustert, unterseits weißlich, aber Brust gestrichelt; am Kopf kleine, oft angelegte Haube. **Stimme** Scheinbar endloser Singflug aus trillernden Tönen, der Vogel »steht« dabei hoch in der Luft. **Vorkommen** Brütet in Feldern, Wiesen und Weiden in ganz Europa, Überwinterung in Mittel- und Südeuropa sowie in Nordafrika. **Wissenswertes** Im Zusammenhang mit der fortschreitenden Intensivierung der Landwirtschaft haben die Brutbestände der Feldlerchen vielerorts stark abgenommen. Auf dem Zug und im Winter oft in Trupps.

2 Haubenlerche

Galerida cristata

> große Federhaube
> plumpe Statur
> kräftiger Schnabel

Merkmale Länge 17–19 cm; etwas größer als Feldlerche und von dieser durch die stets aufgerichtete Federhaube zu unterscheiden. **Stimme** Gesang aus Abfolge rauer und flötender Töne, Rufe klingen ähnlich. **Vorkommen** Jahresvogel, der von Westafrika bis Korea in trockenen und meist kargen Lebensräumen vorkommt. **Wissenswertes** In Mitteleuropa sind Haubenlerchen Kulturfolger und bewohnen vor allem Industriegebiete, Bahngleise und Parkplätze von Supermärkten. Mit zunehmender Begrünung der Städte sind sie vielerorts wieder verschwunden, da ihnen nun die kargen Lebensräume fehlen.

3 Heidelerche

Lullula arborea

> kurzer Schwanz
> heller Überaugenstreif
> flötender Gesang
> März–Okt.

Merkmale Länge 14–15 cm; ähnlich Feldlerche, aber deutlich kleiner und kurzschwänziger. Überaugenstreifen treffen sich V-förmig am Hinterkopf. **Stimme** Gesang besteht aus langen, meist abfallenden Serien wohlklingender Flötentöne. Der Singflug kann minutenlang dauern und findet bis zu 150 m hoch am Himmel statt. **Vorkommen** Jahresvogel in Südeuropa und Nordafrika, Sommergast bis Südskandinavien. Lebt auf Sandböden und bevorzugt lichte Kiefernwälder und Heide. **Wissenswertes** Der wissenschaftliche Name *Lullula* ist eine lautmalerische Umschreibung des stimmungsvollen Gesangs.

1

2

3

1 Wasseramsel

Cinclus cinclus

> kugelige Gestalt
> weiße Brust
> schwimmt und taucht

Merkmale Länge 17–20 cm; kompakte Gestalt, dunkelbraune Oberseite, weiße Brust und rotbrauner Bauch. **Stimme** Geschwätz aus hohen, klaren, oft metallisch klingenden Tönen, oft von einem aus dem Wasser ragenden Stein aus vorgetragen. **Vorkommen** Ganzjährig an schnell fließenden Flüssen und Bächen in bergigen Bereichen Europas. **Wissenswertes** Wasseramseln sind sehr eng an ihren Lebensraum gebunden. Als einzige Singvögel tauchen sie am Gewässergrund nach Wasserinsekten. Auch bauen sie ihre Nester unmittelbar am Ufer unter Baumwurzeln, Steinen oder Brücken.

2 Seidenschwanz

Bombycilla garrulus

> Federhaube
> gelbe Schwanzbinde
> bunte Flügelmarkierungen
> Okt.–April

Merkmale Länge 18–21 cm; starengroßer Singvogel mit Federhaube; Gefieder überwiegend beige-rosa, aber Bürzel grau und Kehle schwarz; schwarze Maske und gelbe Spitzen an Schwanzfedern und Handschwingen. **Stimme** Hohe, glöckchenartige Rufe (»sirrr«). **Vorkommen** Jahresvogel in den Nadelwäldern Nordskandinaviens. In manchen Wintern invasionsartige Wanderungen nach Mitteleuropa. **Wissenswertes** Der Seidenschwanz ernährt sich im Sommer von Insekten, im Winter aber von Beeren (gern Ebereschen, Hagebutten und Misteln) und an Bäumen verbliebenen Äpfeln.

3 Wacholderdrossel

Turdus pilaris

> Kopf und Rücken grau
> Brust orange mit schwarzer Strichelung
> schackernde Rufe

Merkmale Länge 22–27 cm; amselgroßer Vogel mit grauem Kopf und Bürzel, braunem Vorderrücken, orangefarbener Brust und weißem Bauch sowie dunkler Strichelung an gesamter Unterseite. **Stimme** Raue, schackernde Rufe. **Vorkommen** Jahresvogel in Mittel- und Osteuropa, Zugvogel in Skandinavien und Wintergast in Südeuropa. Brütet in Baumbeständen aller Art, aber zur Nahrungssuche in offenem Gelände. **Wissenswertes** Als geselligste unserer Drosseln brüten Wacholderdrosseln meist in kleinen Kolonien und halten sich auch außerhalb der Brutzeit meist in (oft großen) Trupps auf.

1

2

3

1 Amsel

Turdus merula

> › **Männchen schwarz mit gelbem Schnabel**
> › **Weibchen braun**

Merkmale Länge 24–29 cm; Männchen (**1a**) mit komplett schwarzem Gefieder und schwärzlichen Beinen, aber Schnabel und Augenring gelb; Weibchen (**1b**) dunkelbraun mit leicht gefleckter Brust, Schnabel braun bis gelblich braun. **Stimme** Melodischer, flötender Gesang, der vorwiegend in der Morgen- und Abenddämmerung von Dachgiebeln oder Baumspitzen aus dargeboten wird. Bei Gefahr laut schimpfend. **Vorkommen** Häufiger Brutvogel in ganz Europa, meist ganzjährig, in Skandinavien und Russland jedoch Zugvogel. **Wissenswertes** Amseln gehören zu den häufigsten und erfolgreichsten Brutvögeln Europas. Waren sie ursprünglich scheue Waldvögel, so begannen sie Mitte des 19. Jahrhunderts, in die direkte Umgebung menschlicher Siedlungen vorzudringen und Parks und Gärten zu besiedeln. Besonders häufig wurden sie in den letzten 40–50 Jahren durch die zunehmende Begrünung der Siedlungen, insbesondere durch die Bepflanzung der Gärten mit immergrünen Nadelhölzern. Diese bieten ihnen ganzjährig Schutz und erlauben einen Brutbeginn bereits früh im Jahr (mitunter schon Mitte Februar). Die dadurch bis zu fünf möglichen Bruten pro Jahr unterstützen die positive Bestandsentwicklung.
Günstig wirkt sich für Amseln auch aus, dass sie im Winter Futterhäuser besuchen und dadurch selbst auch in schneereichen Wintern einer geringeren Sterblichkeit ausgesetzt sind. Zugute kommt ihnen ferner eine sehr variable Nahrungswahl. So fressen Amseln nicht nur Regenwürmer, Käfer, Ameisen und andere Kleintiere, die sie am Boden suchen, sondern auch Beeren und andere fleischige Früchte. Häufig setzen Amseln ihren Schnabel als Werkzeug ein, um Laub beiseite zu scharren und damit besseren Zugang zu ihren Beutetieren zu bekommen. Laub entfernen sie aber auch, indem sie es mit beiden Beinen wegreißen.
Aufgrund ihrer Häufigkeit sind in Gärten oft Grenzstreitigkeiten zwischen Amsel-Männchen benachbarter Reviere zu beobachten. Mit Imponiergehabe hüpfen sie dabei an ihren Territoriumsgrenzen entlang, um den Nachbarn zu beeindrucken. Gibt keiner nach, so kann es zu Kämpfen kommen. Im Winter können Amseln dagegen gesellig sein und sich abends zu großen Schlafplatzgemeinschaften sammeln. Gelegentlich treten teilalbinotische Amseln auf, bei denen einzelne Federn oder Gefiederpartien weiß aus dem dunklen Federkleid herausleuchten.

1a

1b

1 Ringdrossel

Turdus torquatus

> **› schwarzer Körper**
> **› weißes Brustband**
> **› graue Flügel**
> **› April–Okt.**

Merkmale Länge 24–27 cm; sehr ähnlich der Amsel, aber durch den beim Männchen leuchtend weißen und beim Weibchen leicht aufgehellten Halbmond auf der Brust leicht zu erkennen, zudem Flügel- und Bauchfedern hell gesäumt; Flügel wirken beim abfliegenden Vogel auffallend heller als bei der Amsel. **Stimme** Rufe härter als bei der Amsel, auch Gesang rauer und eintöniger. **Vorkommen** Brütet im Bergland von den Pyrenäen bis zum Iran sowie in Großbritannien und Skandinavien. Lebensräume sind lichte Nadelgehölze im Bereich der Baumgrenze, in Skandinavien felsige Gebiete. Überwinterung stellenweise im Mittelmeerraum. **Wissenswertes** Außer in den hochgelegenen Brutgebieten sieht man in Mitteleuropa gelegentlich skandinavische Ringdrosseln, die auf dem Zug von und nach Nordwestafrika rasten. Die Männchen dieser nordischen Brutvögel unterscheiden sich von den heimischen »Alpenringdrosseln« durch ihr weniger stark geschupptes Bauchgefieder.

2 Rotdrossel

Turdus iliacus

> **› rostrote Flanke**
> **› weißer Überaugenstreif**
> **› scharfer Ruf**
> **› Okt.–April**

Merkmale Länge 19–23 cm; Größe und Statur wie Singdrossel, aber abweichende Gefiederfärbung an Kopf und Unterseite: weißer Überaugenstreif, dunkel gestreifte (nicht gepunktete) Brust, rostrote Flanken. Im Flug auch rostrote Unterflügeldecken sichtbar. **Stimme** Gesang abgehackt und wenig melodisch. Die Flugrufe – scharf und lang gezogen »zieeeh« – sind im Herbst häufig am nächtlichen Himmel zu hören. **Vorkommen** Brütet in Birken- und Nadelwäldern von Island, Skandinavien und Nordrussland; überwintert vom Kaspischen Meer bis zu den Britischen Inseln und Marokko, vor allem in lichten Wäldern und in offenem Gelände. **Wissenswertes** Auf dem Zug und im Winter treten Rotdrosseln meist in Trupps auf und sind dabei oft mit Wacholderdrosseln vergesellschaftet. Die Zugwege der einzelnen Vögel können von Jahr zu Jahr variieren: Ringfunde belegen, dass Wechsel zwischen west- und südosteuropäischen Winterquartieren vorkommen. In den letzten Jahrzehnten kamen der Art die überwiegend milden Winter zugute, einzelne schneereiche Winter haben aber immer wieder zu Bestandseinbrüchen geführt.

1

2

1 Singdrossel
Turdus philomelos

> schwarze Brustfleckung
> braune Oberseite
> Febr.–Nov.

Merkmale Länge 20–22 cm; kleine Drossel mit brauner Oberseite und heller, schwarz getupfter Unterseite. **Stimme** Gesang aus kurzen, meist zwei- bis dreimal wiederholten Strophen. Ruft scharf »zipp«. **Vorkommen** Brutvogel in fast ganz Europa, Überwinterung in West- und Südeuropa sowie Nordafrika. Brütet in Wäldern und Parks, auch auf dem Zug und im Winter recht unauffällig im Unterholz. **Wissenswertes** Singdrosseln nutzen größere Steine als »Schneckenschmieden«, indem sie mit dem Schnabel erfasste Schneckenhäuser an ihnen zerschlagen, um dann nur den weichen Körper der Schnecken zu fressen.

2 Misteldrossel
Turdus viscivorus

> größte Drossel
> helles Gesicht
> schwarze Brustfleckung
> Febr.–Nov.

Merkmale Länge 26–29 cm; deutlich größer als Amsel; Oberseite hellbraun, Unterseite weiß mit runden, schwarzen Flecken. **Stimme** Schnarrender Ruf. Gesang ähnlich wie Amsel, aber sehr kurze Strophen. **Vorkommen** Brütet in hochstämmigen Wäldern und gebietsweise auch in Parks. In Mittel-, West- und Südeuropa Jahresvogel, in Nord- und Osteuropa nur im Sommer. **Wissenswertes** Ihren Namen tragen diese Vögel, weil sie neben anderen Beeren und Wirbellosen gern Beeren der Mistel fressen. Am Schnabel klebende Beeren tragen zur Ausbreitung dieses an Bäumen wachsenden Halbparasiten bei.

3 Steinrötel
Monticola saxatilis

> Kopf blaugrau
> Unterseite rostrot
> Rücken weiß
> April–Sept.

Merkmale Länge 17–20 cm; kurzschwänziger, drosselähnlicher Vogel mit rötlichem Schwanz; Männchen mit grau-blauem Kopf, weißem Rücken und rostroter Brust; Weibchen braun mit oberseits heller und unterseits dunkler Fleckung. **Stimme** Gesang ähnlich wie bei der Amsel, aber weicher klingend. **Vorkommen** Brutvogel in felsigen Bereichen der Hochgebirge von Iberien bis Ostchina, überwintert südlich der Sahara in Afrika. **Wissenswertes** Die heimlichen Vögel fallen im Brutgebiet besonders durch ihre markanten Singflüge auf, bei denen sich benachbarte Männchen gelegentlich Gesangsduelle liefern.

1

2

3

1 Star

Sturnus vulgaris

> metallisch glänzendes Gefieder
> im Sommer schwarzes Gefieder und gelber Schnabel
> im Winter geflecktes Gefieder und dunkler Schnabel

Merkmale Länge 19–22 cm; Altvögel (**1a**) knapp drosselgroß mit schwarzem Gefieder, das im Sonnenlicht metallisch glänzt; im Winter stark gefleckt (**1b**); Schnabel im Sommer gelb, im Winter schwärzlich; Jungvögel zunächst braun, von Juli bis September ins Alterskleid mausernd und dabei scheckig wirkend. **Stimme** Der Gesang ist ein kratziges Quietschen und Pfeifen, in das ein reichhaltiges Repertoire von Imitationen anderer Vogelstimmen eingebettet wird. Ruft heiser »ärrr«. **Vorkommen** Jahresvogel in Mittel- und Südeuropa, Zugvogel in Nord- und Osteuropa. Brütet in Baumhöhlen oder Nistkästen in Wäldern und Dörfern, nistet auch an Gebäuden. Nahrungssuche auf Feldern und Wiesen. **Wissenswertes** Stare sind sehr gesellig. Schon zum Brüten bilden sie oft Kolonien und gehen truppweise der Nahrungssuche nach. Nach der Brutzeit und auf dem Zug bilden sie große Schwärme und sammeln sich abends zu Zigtausenden an Schlafplätzen im Schilf. Ihre Ernährung ist enorm vielseitig. Meist nehmen sie Insekten zu sich, darunter besonders gern Schnakenlarven und Käfer. Beim Ausschwärmen von Ameisen betätigen sie sich sogar als Luftjäger und schnappen im Flug nach den kleinen Insekten. Im Sommer und Herbst bevorzugen sie dagegen zu deren Reifezeit Beeren und Obst.

2 Rosenstar

Sturnus roseus

> Altvögel schwarz-rosa
> Jungvögel braun
> drosselartiger Schnabel

Merkmale Länge 19–22 cm; Altvögel (**2a**) unverkennbar mit schwarzem Kopf, Flügel und Schwanz sowie leuchtend rosa gefärbtem Rücken und Bauch; Jungvögel (**2b**) heller braun als junge Stare und mit einem drosselartigen gelben Schnabel (bei jungen Staren schwarz und schmaler). **Stimme** Kurze raue Rufe. **Vorkommen** Brutvogel in Steppen und im Ackerland von Südosteuropa bis Zentralasien; Überwinterung in Indien. Wenige Vögel erscheinen alljährlich in Mitteleuropa: Altvögel im späten Frühjahr und Sommer, vor allem aber Jungvögel im Herbst. **Wissenswertes** Brutansiedlungen von Rosenstaren sind meist sporadisch und werden in erster Linie vom Vorkommen der Hauptnahrung (Heuschrecken) gesteuert.

1a

1b

2a

2b

1 Zaunkönig

Troglodytes troglodytes

> sehr klein und braun
> kurzer, aufgestellter Schwanz
> schmetternder Gesang

Merkmale Länge 9–10 cm; sehr kleiner, flinker und überwiegend braun gefärbter Singvogel mit weißlichem Überaugenstreif und kurzem Schwanz, der aufrecht getragen wird. **Stimme** Lauter, schmetternder Gesang, der auch im Winter zu hören ist; schnurrender Warnruf. **Vorkommen** Jahresvogel in fast ganz Europa, in Skandinavien Zugvogel. Bewohnt den dichten Unterwuchs von Wäldern, Parks und Gärten. **Wissenswertes** In Höhlungen von Baumstämmen oder in Mauern bauen sich Zaunkönige mehrere kugelförmige Nester, die sie nicht nur zum Brüten, sondern auch zum Übernachten – auch im Winter – benutzen.

2 Heckenbraunelle

Prunella modularis

> blaugrauer Kopf
> dünner Schnabel
> klirrender Gesang

Merkmale Länge 13–14 cm; ähnlich Ammern oder Sperlingen, aber dünner Schnabel; überwiegend braun mit dunkler Streifung, Kopf blaugrau. **Stimme** Hoher, klirrender Gesang, der von erhöhter Warte aus vorgetragen wird. **Vorkommen** Brütet in weiten Teilen Europas; in Nord- und Osteuropa Zugvogel, sonst ganzjährig anwesend. Bewohnt Wälder und Parks, aber auch Gärten innerhalb von Siedlungen; lebt meist recht heimlich im Unterholz. **Wissenswertes** Häufig haben die Weibchen zwei Männchen, die beide im Revier singen und sich am Brutgeschäft beteiligen.

3 Alpenbraunelle

Prunella collaris

> Unterseite rot gefleckt
> Kopf graublau
> Kehle weißlich

Merkmale Länge 15–17 cm; Oberseite braun gestreift, Kopf blaugrau, Unterseite rotbraun gefleckt. **Stimme** Langer schwatzender Gesang mit Trillern. **Vorkommen** Brutvogel im Hochgebirge unterhalb der Schneegrenze von Spanien bis Japan, der zum Überwintern in Täler oder benachbarte Tiefländer zieht. **Wissenswertes** Gebrütet wird oft in Gruppen von 2–5 Männchen und 2–5 Weibchen, deren Territorien sich stark überlappen. Da sich alle Gruppenmitglieder an den Fütterungen der Jungen beteiligen, können solche Sozialverbände hohe Bruterfolge erziehlen.

1

2

3

1 Blaukehlchen

Luscinia svecica

- blaue Kehle
- weißer Überaugenstreif
- schwarz-roter Schwanz
- April–Sept.

Merkmale Länge 13–14 cm; Männchen (**1a, 1b**) mit blauer Kehle – darin weißer oder roter »Stern«, darunter schwarz-weiß-rote Abgrenzung zum weißlichen Bauch; Oberseite braun, Schwanz schwarz-rostrot, am Kopf weißer Überaugenstreif; Weibchen (**1c**) ähnlich, aber blasser und mit weniger Blau.
Stimme Die 10–20 Sekunden langen Strophen werden meist von Buschspitzen aus vorgetragen. Sie bestehen aus einem Wechsel von pfeifenden, kratzenden, dabei teilweise wiederholten Tönen, wobei gern Imitationen der Lautäußerungen anderer Vögel, Frösche oder Grillen eingeflochten werden. Rufe hart und trocken »track«. **Vorkommen** Weißsternige Blaukehlchen brüten in Feuchtgebieten Mittel- und Osteuropas, rotsternige Blaukehlchen besiedeln die Birken- und Weidenzone in Gebirgen sowie die niedriger gelegene Strauchtundra in Skandinavien, Sibirien und Alaska, aber auch mitteleuropäische Gebirge wie die Alpen und das Riesengebirge. Als Langstreckenzieher überwintern sie südlich der Sahara in Afrika sowie in Arabien, Indien und Indochina.
Wissenswertes Abgesehen von ihrem auffälligen Gesang sind die hübschen Blaukehlchen eher heimliche Bewohner ihrer so unterschiedlichen Lebensräume. Sie brüten gut versteckt unter Büschen, und auch bei der Nahrungssuche am Boden sind sie oft nur schwer zu sehen. So bleiben auch ihre Rastaufenthalte auf dem Durchzug fast unbemerkt.
Jahrzehntelang hatten weißsternige Blaukehlchen in Mitteleuropa wegen der Zerstörung und Entwässerung ihrer Lebensräume im Bestand stark abgenommen, doch in jüngster Zeit gelang es ihnen mit der Besiedlung von feuchten Brachflächen, Gräben und anderen künstlichen Gewässern, den Trend umzukehren und bei gleichzeitiger Wiederbesiedlung zuvor aufgegebener Regionen ihre Brutpaarzahl zu steigern. Dennoch haben weißsternige Vögel nur einen Anteil von 5 % an den schätzungsweise 0,8–2,5 Millionen Blaukehlchen-Brutpaaren in Europa. Rotsternige Blaukehlchen, die als Brutvögel nordischer Fjälls und Tundren bekannt waren, wurden erst in den 1970er Jahren in den Alpen und in anderen Gebirgen weit südlich des eigentlichen Brutareals entdeckt. Da es für unwahrscheinlich gehalten wird, dass diese isolierten Vorkommen vorher übersehen worden waren, handelt es sich vermutlich um aus dem Norden stammende Vögel, die sich hier neu angesiedelt haben.

1a

1b

1c

1 Rotkehlchen

Erithacus rubecula

> orangerote Brust
> graue Halsseiten
> perlender Gesang

Merkmale Länge 13–14 cm; rundliche Gestalt, Gesicht und Brust orangerot mit grauer seitlicher Umrahmung, restliche Unterseite weißlich und Oberseite braun. **Stimme** Perlender Gesang aus abfallenden Strophen, der gelegentlich auch im Winter zu hören ist. Feine »tick«-Rufe, auch in Serien. **Vorkommen** In ganz Europa häufiger Brutvogel in Wäldern, Parks und Gärten; meist Jahresvogel. **Wissenswertes** Rotkehlchen halten sich zur Nahrungssuche meist am Boden auf, besuchen aber gern auch Futterhäuser. Zum Brüten bleiben Rotkehlchen ebenfalls am Boden, denn ihre Nester bauen sie entweder unter Wurzeln, unter Grasbüscheln, an Kletterpflanzen oder in anderen bodennahen Höhlungen. Nord- und osteuropäische Rotkehlchen überwintern im Mittelmeerraum, wo sie in großen Mengen von Menschen gefangen und gegessen werden.

2 Hausrotschwanz

Phoenicurus ochruros

> orangeroter Schwanz
> Körper ganz schwarz oder braun
> März–Okt.

Merkmale Länge 13–14 cm; alte Männchen (**2a**) mit grauschwarzem Gefieder und weißem Flügelfeld; Weibchen (**2b**) und einjährige Männchen fast einfarbig dunkelbraun. Stets mit orangerotem, oft zitterndem Schwanz. **Stimme** Der Gesang beginnt schon in der Morgendämmerung und wird meistens von Dächern aus vorgetragen. Dabei folgt einer hell klingenden Tonreihe ein lang gestrecktes, raues Fauchen, bevor die Strophe mit weiteren hellen Tönen endet. **Vorkommen** Häufiger Sommervogel in Mittel- und Osteuropa, ganzjährig in Westeuropa und im Mittelmeerraum. **Wissenswertes** Als Felsbrüter waren Hausrotschwänze ursprünglich in ihrem Vorkommen auf Gebirgsregionen beschränkt. Seit Mitte des 19. Jahrhunderts breiteten sie sich aber auch über flachere Landschaften aus und besiedeln seitdem großflächig auch vom Menschen geschaffene »Felslandschaften« wie Siedlungen (besonders Neubaugebiete), Industrieareale und Kiesgruben. Die in der Gefiederfärbung den Weibchen gleichenden einjährigen Männchen besetzen dabei im Vergleich zu den älteren Männchen ungünstigere Reviere und haben deshalb einen schlechteren Bruterfolg. Nester werden in Halbhöhlen gebaut, z. B. in Felsspalten oder auch an Dächern.

1

2a

2b

1 Gartenrotschwanz

Phoenicurus phoenicurus

- > orangeroter Schwanz
- > Unterseite orange
- > April–Sept.

Merkmale Länge 13–14 cm; Schwanz orangerot; Männchen (**1a**) unterseits kräftig orange, oberseits grau, Kopf schwarz mit weißer Stirn; Weibchen (**1b**) ähnlich wie Hausrotschwanz-Weibchen, aber wärmer braun gefärbt. Die Unterseite ist stets heller als die Oberseite und meist orange getönt. **Stimme** Gesangsstrophen beginnen in der Regel mit einem hohen und zwei tieferen Tönen (»di-dada«), gefolgt von einigen variablen, schwatzenden Lauten. Wie der Hausrotschwanz beginnt auch diese Art schon mit dem ersten Tageslicht zu singen. **Vorkommen** Brutvogel in ganz Europa, Überwinterung südlich der Sahara in Afrika. Lebt in lichten Wäldern, Parks und Gärten und nistet in Baumhöhlen und Nistkästen. **Wissenswertes** Da Haus- und Gartenrotschwanz sehr nah miteinander verwandt sind, kommt es gelegentlich zu Mischbruten von je einem Männchen und Weibchen der beiden Arten. In den letzten Jahrzehnten haben die Bestände des Gartenrotschwanzes in Europa dramatisch abgenommen. Gründe dafür sind der Verlust von Lebensräumen (Verlust von Streuobstwiesen und Altholzbeständen, dichtere Wälder) bei uns und Dürreperioden im afrikanischen Winterquartier, aber stellenweise auch Gelegeverluste durch räuberische Eichhörnchen, Siebenschläfer und Marder.

2 Sprosser

Luscinia luscinia

- > graubraune Oberseite
- > Brust diffus gefleckt
- > lauter Gesang
- > Mai–Aug.

Merkmale Länge 15–17 cm; sehr ähnlich der Nachtigall, aber braune Oberseite und rotbrauner Schwanz weniger warm getönt und Brust diffus gefleckt. **Stimme** Der sehr laute Gesang ist dem der Nachtigall sehr ähnlich, wirkt aber abgehackter und klingt härter und trockener. Stets ohne flötende »Crescendo-Strophe«. **Vorkommen** Sommervogel von Südskandinavien und Nordostdeutschland bis Westsibirien, der in Ostafrika überwintert. Lebt in feuchten Laubwäldern, oft nahe Gewässern. **Wissenswertes** Der Sprosser ist der östliche Vertreter der Nachtigall. Die Brutgebiete der beiden Arten überschneiden sich aber nur wenig. Mit etwas Glück kann man im dichten Gebüsch singende Sprosser entdecken, bei der Suche nach Käfern, Ameisen und anderen Insekten bleiben sie aber meist gut unter Büschen verborgen.

1a

1b

2

1 Nachtigall

Luscinia megarhynchos

> braune Oberseite
> rötlicher Schwanz
> lauter Gesang
> April–Sept.

Merkmale Länge 15–17 cm; Oberseite warm braun, Schwanz rotbraun, Unterseite weißlich, Brust höchstens schwach bräunlich getönt. **Stimme** Der sehr laute Gesang ist besonders nachts zu hören und besteht aus wuchtigen und zugleich melodischen Abschnitten, meist mit einer »Crescendo-Strophe« aus flötenden Tönen. **Vorkommen** Brutvogel in Gehölzen mit dichtem Unterwuchs in Mittel- und Südeuropa. Überwinterung südlich der Sahara in Afrika. **Wissenswertes** Sehr heimlicher Bodenvogel, der nur selten zu sehen ist und mit abklingender Gesangsaktivität ab Ende Mai kaum noch bemerkt wird.

2 Steinschmätzer

Oenanthe oenanthe

> schwarz-weißer Schwanz
> aufrechte Sitzhaltung
> März–Okt.

Merkmale Länge 14–17 cm; im Flug weißer Schwanz mit schwarzem T-Muster; Männchen (**2a**) oberseits grau, unterseits weiß mit hellbrauner Brust; Flügel und Kopfmaske schwarz; Weibchen (**2b**) und Jungvögel bräunlicher. **Stimme** Von Felsbrocken und anderen erhöhten Warten aus lassen Steinschmätzer ihren unauffälligen Gesang erklingen, der eine Mischung aus zwitschernden und knirschenden Tönen darstellt. **Vorkommen** In ganz Europa Brutvogel in offenem, steinigem Gelände, das Brutgebiet reicht aber auch bis Grönland und Nordostkanada sowie über Sibirien bis Alaska. Alle überwintern südlich der Sahara in Afrika. **Wissenswertes** Steinschmätzer vollbringen unter den Singvögeln die extremsten Zugleistungen, so von Kanada über den Atlantik nach Europa und weiter nach Westafrika bzw. von Alaska durch ganz Asien nach Ostafrika. Um die weiten Strecken zu meistern, speichern Steinschmätzer vor dem Abflug in nur wenigen Tagen so viel Fett, dass sich ihr Körpergewicht verdoppelt. Um die dafür notwendigen Nahrungsgrundlagen für sich zu sichern, verteidigen Steinschmätzer auch in Rastgebieten kleine Reviere gegenüber Artgenossen, vertreiben aber auch andere Vögel. Bei der Nahrungssuche spähen sie von erhöhten Steinen aus nach fliegenden und krabbelnden Insekten. Diese schnappen sie dann entweder nach schnellem Hüpfen am Boden oder während eines kurzen Fluges aus der Luft. Nester werden in Felsspalten und anderen Höhlungen am Boden gebaut.

1

2a

2b

1 Braunkehlchen

Saxicola rubetra

> heller Überaugenstreif
> schwarzweißer Schwanz
> orangebraune Brust
> April–Sept.

Merkmale Länge 12–14 cm; oberseits braun, unterseits weiß mit orangefarbener Brust; Männchen (**1a**) mit schwarzen Kopfseiten und weißem Überaugenstreif, Weibchen (**1b**) und Jungvögel am Kopf braun mit hell beigefarbenem Überaugenstreif. Im Flug von Schwarzkehlchen durch schwarzweißen Schwanz zu unterscheiden. **Stimme** Die kurzen Gesangsstrophen bestehen sowohl aus flötenden, aber auch aus kratzig klingenden Tönen. **Vorkommen** Bewohnt feuchte Wiesen und Weiden, auf dem Zug auch in anderen offenen Lebensräumen. Brütet in fast ganz Europa und überwintert südlich der Sahara in Afrika. **Wissenswertes** Braunkehlchen findet man in der Regel auf Zaunpfählen, hohen Stauden oder Buschspitzen, von denen aus sie nach am Boden lebenden Insekten Ausschau halten. Die Beute wird dann mit kurzen Flügen vom Boden oder aus der Luft gefangen. Im Zuge der Intensivierung der Landwirtschaft haben Braunkehlchen in Mitteleuropa mehr als die Hälfte ihres Bestandes eingebüßt. Besonders auf frühe Mahdtermine von Wiesen reagieren sie empfindlich.

2 Schwarzkehlchen

Saxicola rubicola

> schwarzer Kopf
> weißer Kragen
> rostrote Unterseite
> März–Okt.

Merkmale Länge 12–13 cm; Männchen (**2a**) mit schwarzem Kopf, weißem Kragen, rostroter Unterseite und schwarzbrauner Oberseite; Weibchen (**2b**) ähnlich, aber viel blasser und bräunlicher; Schwanz im Flug einfarbig schwärzlich, aber Bürzel deutlich aufgehellt bis weißlich; weiße Abzeichen am Flügelansatz auffälliger als beim Braunkehlchen. **Stimme** Die Gesangsstrophen sind länger und schriller als beim Braunkehlchen und werden von erhöhten Warten und gelegentlich in kurzen Flügen vorgetragen. **Vorkommen** Ganzjährig in West- und Südeuropa, in Mittel- und Osteuropa Zugvogel. Lebt in offenem Gelände mit Gebüschen. **Wissenswertes** Im Gegensatz zum nah verwandten Braunkehlchen ziehen Schwarzkehlchen nur relativ kurze Strecken (bis zum Mittelmeer), kommen eher bei uns an und ziehen später wieder ab. Ähnlich wie die Braunkehlchen erbeuten sie Käfer, Fliegen und andere Insekten mit kurzen Flügen zum Boden, nachdem sie diese von erhöhten Sitzplätzen aus erspäht haben.

1a

1b

2a

2b

1 Feldschwirl

Locustella naevia

> runder Schwanz
> schwirrender Gesang
> April–Okt.

Merkmale Länge 12–14 cm; braunes Gefieder mit schwarzer Strichelung; langer, runder Schwanz. **Stimme** Der Tag und Nacht hörbare Gesang ist ein heuschreckenartiges, oft minutenlang vorgetragenes Schwirren. **Vorkommen** Sommervogel in Mittel- und Osteuropa sowie in Südskandinavien, der jenseits der Sahara in Afrika überwintert. Bewohnt feuchtes Gelände mit Büschen. **Wissenswertes** Feldschwirle kann man nur mit Glück zu Gesicht bekommen, am ehesten entdeckt man sie beim Gesang im oberen Teil kleiner Büsche. Sonst klettern sie sehr heimlich in Büschen, Hochstauden und Gras umher.

2 Rohrschwirl

Locustella luscinioides

> Gefieder fast einfarbig braun
> monoton surrender Gesang
> April–Sept.

Merkmale Länge 14–15 cm; ähnlich dem Teichrohrsänger, aber durch breiten Schwanz und lange Unterschwanzdecken kräftiger wirkend. **Stimme** Der Gesang ist ein scheinbar endloses, insektenartiges Schwirren, das schneller und tiefer ist als beim Feldschwirl. **Vorkommen** Lückenhafte Brutverbreitung in Schilfbeständen Europas, Überwinterung südlich der Sahara in Afrika. **Wissenswertes** Beim Erwerb ihrer Nahrung (meist Insekten) huschen Rohrschwirle nahe am Boden durch das Röhricht und sind deshalb meist nur dann zu sehen, wenn sie im oberen Bereich der Halme singen.

3 Schlagschwirl

Locustella fluviatilis

> diffus gefleckte Brust
> wetzender Gesang
> Mai–Sept.

Merkmale Länge 15–16 cm; sehr ähnlich dem Rohrschwirl, aber diffus gefleckte Brust und hell gefleckter Unterschwanz. **Stimme** Wie bei den anderen Schwirlen lang anhaltender, monotoner Gesang, der allerdings wetzend klingt und an eine Nähmaschine erinnert. **Vorkommen** Lebt in Büschen und dichtem Unterholz mit feuchtem Untergrund, meist in der Nähe von Gewässern. Sommervogel in der Osthälfte Europas, der im südlichen Afrika überwintert. **Wissenswertes** Durch flinkes Huschen und gewandtes Schlüpfen zwischen Halmen und Stängeln bleiben Schlagschwirle –auch wenn sie sich bewegen – nahezu unsichtbar.

1

2

3

1 Schilfrohrsänger
Acrocephalus schoenobaenus

> cremefarbener Überaugenstreif
> dunkle Kopfplatte
> April–Sept.

Merkmale Länge 12–13 cm; oben warm braun mit dunkler Streifung, unten weißlich braun mit Bruststrichelung; breiter, cremefarbener Überaugenstreif, darüber schwärzliche Kopfplatte. **Stimme** Wechselhafter Gesang mit kratzenden und pfeifenden Tönen, oft im Singflug. **Vorkommen** Brütet in Schilfbeständen an Gewässern (auch Gräben) in Mittel-, Ost- und Nordeuropa. Überwinterung in Afrika. **Wissenswertes** Zur Zugzeit fressen Schilfrohrsänger vorwiegend im Schilf lebende Blattläuse. An günstigen Nahrungsplätzen werden umfangreiche Fettreserven angelegt, die für einen Flug bis jenseits der Sahara reichen.

2 Teichrohrsänger
Acrocephalus scirpaceus

> spitzer Kopf
> warm braunes Gefieder
> Gesang reich an Wiederholungen
> Mai–Okt.

Merkmale Länge 12–14 cm; Oberseite einfarbig warm braun, Unterseite einfarbig warm beige. **Stimme** Schwatzender Gesang aus rauen, meist wiederholten Tönen. **Vorkommen** Häufiger Brutvogel der Schilfbestände im größten Teil Europas, auf der Zugzeit auch im Gebüsch. Überwintert in der Südhälfte Afrikas. **Wissenswertes** Zum Singen setzen sich Teichrohrsänger gern weit oben auf Schilfhalme. Ihre Nester befestigen sie kunstvoll zwischen mehreren Schilfhalmen. Da die Nester von oben gut zugänglich sind, werden sie häufig von Kuckuckweibchen zur Eiablage genutzt.

3 Sumpfrohrsänger
Acrocephalus palustris

> braunes Gefieder
> abwechslungsreicher Gesang
> Mai–Aug.

Merkmale Länge 13–15 cm; Gefiederfärbung sehr ähnlich der des Teichrohrsängers, aber etwas weniger rötlich; im Freiland kaum zu unterscheiden. **Stimme** Gesang abwechslungsreich und viel melodischer als beim Teichrohrsänger **Vorkommen** Brütet in Mittel- und Osteuropa in feuchter Hochstaudenvegetation, besonders an Gräben. Überwintert in Südostafrika. **Wissenswertes** Der Gesang des Sumpfrohrsängers enthält viele Imitationen von Rufen und Gesängen anderer Vogelarten. Dadurch können fremde Stimmen aus dem afrikanischen Winterquartier nach Europa »importiert« werden.

1

2

3

1 Drosselrohrsänger
Acrocephalus arundinaceus

- groß
- drosselartiger Schnabel
- lauter Gesang
- Mai–Aug.

Merkmale Länge 16–20 cm; großer Rohrsänger mit kräftigem Schnabel. **Stimme** Gesangsaufbau ähnlich wie beim Teichrohrsänger, dabei aber langsamer, tiefer, lauter, heiserer und monotoner (»karre-karre-kiet-kiet«). **Vorkommen** Bewohnt vor allem die überfluteten Bereiche des Schilfgürtels. Sommervogel in weiten Teilen Eurasiens, Überwinterung südlich der Sahara in Afrika. **Wissenswertes** Eine frühe Rückkehr aus dem Winterquartier lohnt sich für die Männchen, weil sie dadurch die attraktivsten Brutreviere aussuchen können, die wiederum von den Weibchen bevorzugt werden.

2 Gelbspötter
Hippolais icterina

- runder Kopf
- hellgelbe Unterseite
- helles Flügelfeld
- Mai–Aug.

Merkmale Länge 12–14 cm; ähnlich einem Laubsänger, aber größer; oberseits grün, unterseits gelb, blaugraue Beine. **Stimme** Gesang reich an Imitationen und ähnlich dem des Sumpfrohrsängers, aber mit hellerem Klang und typischen »Dr. Knie«-Elementen. **Vorkommen** Brütet in offenen Wäldern, Feldgehölzen und Parks in Mittel-, Ost- und Nordeuropa, überwintert im südlichen Afrika. **Wissenswertes** Bei der Suche nach Insekten bleiben Gelbspötter meist im dichten Blattwerk von Büschen und Bäumen verborgen. Dabei bewegen sie sich besonders entlang der größeren Zweige und Äste.

3 Orpheusspötter
Hippolais polyglotta

- sehr ähnlich Gelbspötter
- ohne helles Flügelfeld
- schneller Gesang
- Mai–Aug.

Merkmale Länge 12–13 cm; Gefiederfärbung wie Gelbspötter, aber ohne dessen helles Flügelfeld; Beine bräunlich. **Stimme** Gesang zurückhaltender, aber hastiger als der des Gelbspötters, ebenfalls mit Imitationen anderer Vogelstimmen. **Vorkommen** Brütet in Südwesteuropa und Nordwestafrika, überwintert in Westafrika. Bewohnt dichtes Gebüsch und lichte Baumbestände. **Wissenswertes** Waren Orpheusspötter einst die südwesteuropäischen Vertreter des Gelbspötters, so breiten sie sich seit wenigen Jahrzehnten nordostwärts aus und kommen nun in einigen Gebieten (u. a. Südwestdeutschland) gemeinsam vor.

1

2

3

1 Gartengrasmücke

Sylvia borin

> graubraunes Gefieder
> graue Beine
> langstrophiger Gesang
> Mai–Sept.

Merkmale Länge 13–14 cm; Gefieder einfarbig bräunlich grau, Halsseiten etwas aufgehellt. **Stimme** Melodischer Gesang mit langen Strophen. **Vorkommen** Brutvogel in ganz Europa, der im tropischen Afrika überwintert. Bewohnt buschige Bereiche in Wäldern, Parks und Gärten. **Wissenswertes** Auf dem Zug ins afrikanische Winterquartier lagern Gartengrasmücken in Europa allmählich große Fettreserven als »Treibstoff« für die Überquerung der Sahara an, bis sie in Nordafrika ihr Gewicht im Vergleich zum Ausgangswert verdoppelt haben. Dabei fressen sie neben Insekten gern auch Beeren.

2 Mönchsgrasmücke

Sylvia atricapilla

> graues Gefieder
> schwarze oder braune Kappe
> flötender Gesang
> April–Okt.

Merkmale Länge 13–15 cm; einfarbig grau, nur Kopfplatte schwarz (Männchen, **2a**) oder braun (Weibchen, **2b**). **Stimme** Melodischer Gesang, dessen Strophen mit wenigen klaren Flötentönen enden. Strophen kürzer als bei der Gartengrasmücke. **Vorkommen** In ganz Europa Brutvogel in Gärten, Parks und Wäldern. In Südeuropa ganzjährig, sonst meist Zugvogel, der überwiegend im Mittelmeerraum, vereinzelt aber auch nördlich davon bis Südskandinavien überwintert. **Wissenswertes** Mönchsgrasmücken gelten als sehr anpassungsfähig und haben in Mitteleuropa sowohl von der zunehmenden Waldfläche als auch von der Begrünung der Vorstädte profitiert und folglich im Bestand zugenommen. Ihre Flexibilität ist auch in der Ernährung erkennbar: Meist fressen sie Insekten, zur Zugzeit aber auch Früchte (besonders Holunderbeeren und Feigen). Im Winter haben sie gelernt, sich an Futterhäusern zu ernähren. Dadurch hat sich ein nicht unbedeutender Anteil des mitteleuropäischen Brutbestandes umgestellt und überwintert jetzt in Großbritannien anstatt im Mittelmeerraum. Deutschen Wissenschaftlern gelangen mit Hilfe dieser Zugwegänderung bahnbrechende Fortschritte bei der Erforschung der genetischen Grundlagen des Vogelzugs. Demnach ist die Richtung, in der die Vögel im Herbst wegziehen, angeboren. Wenn sich Eltern mit unterschiedlichen Zugrichtungen kreuzen, so schlagen ihre Nachkommen im Herbst einen »Mittelweg« ein.

1

2a

2b

1 Dorngrasmücke

Sylvia communis

> weiße Kehle
> rostbraune Flügel
> weiße Schwanzaußenkanten
> April–Sept.

Merkmale Länge 13–15 cm; recht bunt gefärbte Männchen (**1a**) mit rostbraunen Flügeln, graubraunem Rücken, grauem Oberkopf, weißer Kehle und rosa Brust; Weibchen (**1b**) sind blasser und bräunlicher gefärbt. **Stimme** Der kratzende Gesang, der oft im Singflug vorgetragen wird, enthält fast immer eine laute Sequenz aus drei Doppeltönen (»dida-dida dida«). Daneben sind mehr als 25 verschiedene Rufe bekannt geworden, die u. a. dem Warnen vor Feinden, dem Ausdruck von Erregung oder dem Familienzusammenhalt dienen. **Vorkommen** Brutvogel in fast ganz Europa, im Winter südlich der Sahara bis Südafrika. Lebt in buschigen Bereichen der offenen Landschaft. **Wissenswertes** Ende der 1960er Jahre erlitten Dorngrasmücken einen dramatischen Bestandseinbruch, der wohl vor allem durch eine lange Dürreperiode in der afrikanischen Sahelzone, einem wichtigen Überwinterungsgebiet, verursacht wurde. Lebensraumverluste im Brutgebiet trugen ebenfalls zu diesem Trend bei, besonders Rodungen von Hecken und Gebüschen. Diese brauchen Dorngrasmücken nicht nur zur Nahrungssuche, sondern auch als Neststandort. In der Regel befinden sich die Nester weniger als einen halben Meter über dem Boden, am liebsten in dornigem Gestrüpp oder in Brennnesseln.

2 Klappergrasmücke

Sylvia curruca

> grauer Kopf
> weiße Kehle
> dunkelbraune Oberseite
> April–Okt.

Merkmale Länge 12–14 cm; ähnlich der Dorngrasmücke, aber Flügel und Rücken einfarbig dunkel graubraun. **Stimme** Gesangsstrophen bestehen aus einem kaum hörbaren, knirschenden Geschwätz, enden aber mit einem lauten Klappern, das der Art den volkstümlichen Namen »Müllerchen« eingebracht hat. **Vorkommen** Brutvogel in Mittel-, Ost- und Nordeuropa, Überwinterung in Nordostafrika. Bewohnt Gebüsche in lichten Wäldern, Parks und Gärten. **Wissenswertes** Während die meisten mitteleuropäischen Singvögel im Herbst Richtung Südwesten ziehen, sind Klappergrasmücken Südostzieher. Auf dem Heimzug kann es bei kaltem Wetter in Südosteuropa zu Bestandseinbußen kommen. Wie bei der Dorngrasmücke haben bei uns Rodungen von Hecken zu Lebensraumverlust geführt, doch anders als diese brütet die Klappergrasmücke auch in Gebüschen in Siedlungen.

1a

1b

2

1 Weißbart-Grasmücke

Sylvia cantillans

› rostrote Unterseite
› weißer »Bart«
› roter Augenring
› April–Juni

Merkmale Länge 12–13 cm; Oberseite bläulich grau, Unterseite beim Weibchen weiß, beim Männchen aber Kehle und Flanken ziegelrot; Männchen mit rotem Augenring und weißem Bartstreif. **Stimme** Der häufig im Singflug vorgetragene Gesang besteht aus kurzen Zwitscherstrophen, deren Töne hell und kratzig klingen. Ruft hart »tek«. **Vorkommen** Brutvogel im Mittelmeerraum von der Türkei bis Marokko, Überwinterung in der afrikanischen Sahelzone. Meist in buschigen Lebensräumen. **Wissenswertes** Einer der Charaktervögel der mediterranen Macchie. Alljährlich erscheinen einzelne Vögel nördlich des Verbreitungsgebiets in Mitteleuropa. Bei der Insektenjagd bevorzugen Weißbart-Grasmücken die oberen Bereiche der Büsche. Dort huschen sie scheinbar rastlos und mit immer wieder aufgestelltem Schwanz umher.

2 Sperbergrasmücke

Sylvia nisoria

› gebänderte Unterseite
› helles Auge
› Mai–Okt.

Merkmale Länge 16–17 cm; alte Männchen auf der Oberseite bläulich grau, die weiße Unterseite zeigt eine starke graue Streifung (»Sperberung«); ein Jahr alte Männchen und Weibchen (**2a**) sind oberseits blasser grau und unterseits schwächer gesperbert; Jungvögel (**2b**) sind bräunlicher, und die Streifung beschränkt sich auf den Unterschwanz; Iris bei alten Männchen kräftig gelb, bei einjährigen Männchen und Weibchen braungelb und bei Jungvögeln dunkel. Wichtige Merkmale sind auch der kräftige Schnabel und helle Flügelbinden. **Stimme** Gesang ähnlich dem der Gartengrasmücke, aber mit härteren und klareren Tönen; oft von Warten aus vorgetragen und gelegentlich Singflüge. Charakteristisch ist der Warnruf, ein lang gezogenes Rattern. **Vorkommen** Brutvogel von Ostdeutschland und Norditalien ostwärts bis Zentralasien, der zum Überwintern nach Ostafrika zieht. Bewohnt buschige Waldlichtungen sowie hohe Gebüsche mit einzelnen Bäumen in offener Landschaft, dabei deutliche Bevorzugung warmer Standorte. **Wissenswertes** Zum Brüten suchen Sperbergrasmücken möglichst dieselben dornigen Gebüsche auf, in denen auch Neuntöter nisten. Dabei profitieren sie vom Warn- und Abwehrverhalten der Neuntöter gegenüber Nesträubern. Selbst nach dem Flüggewerden bleiben sie gern in der Nähe von Neuntöter-Familien.

1

2a

2b

1 Fitis

Phylloscopus trochilus

> helle Beine
> gelblich grünes Gefieder
> melodischer Gesang
> April–Sept.

Merkmale Länge 11–12 cm; Oberseite grünlich grau, Unterseite weißlich bis gelblich, Überaugenstreif gelb. Beine gelb bis hellbraun. **Stimme** Melancholischer, abfallender Gesang (»Buchfink in Moll«). Ruft leicht ansteigend zweisilbig »hü-ihd«. **Vorkommen** Häufiger Brutvogel in der Nordhälfte von Europa, meist in lichten Wäldern. Überwintert von West- bis Südafrika. **Wissenswertes** Obwohl die Nahrungssuche meist hoch in den Bäumen erfolgt, befindet sich das Nest am Fuß von Bäumen am Boden. Der Langstreckenzieher Fitis hat längere Flügel als der Kurzstreckenzieher Zilpzalp.

2 Zilpzalp

Phylloscopus collybita

> dunkle Beine
> gräulich grünes Gefieder
> monotoner Gesang
> März–Okt.

Merkmale Länge 10–12 cm; sehr ähnlich dem Fitis, aber etwas kleiner, dunkler und kurzflügeliger; Beine meist dunkelbraun bis schwarz. **Stimme** Vom Fitis am besten am Gesang zu unterscheiden: monoton abwechselnd »zilp-zalp« (bis zu hundertmal hintereinander). Ruf ähnlich wie beim Fitis, aber eher einsilbig wirkend. **Vorkommen** Brütet im größten Teil Europas in Wäldern und anderen Lebensräumen mit Bäumen. In Südeuropa ganzjährig, sonst Zugvogel, der im Mittelmeerraum überwintert. **Wissenswertes** Kleine Insekten werden bevorzugt von Blättern aufgelesen, häufig mit kurzem Rüttelflug von der Blattunterseite.

3 Waldlaubsänger

Phylloscopus sibilatrix

> gelbe Kehle
> weißer Bauch
> kräftig grüne Oberseite
> April–Sept.

Merkmale Länge 11–13 cm; etwas größer als Fitis und Zilpzalp, Farben leuchtender (Unterseite rein weiß, Kehlregion gelb). **Stimme** Zwei Gesänge: scharfes Schwirren und eine Reihe abfallender Flötentöne; meist von freien Ästen aus und manchmal im Singflug vorgetragen. **Vorkommen** Brütet in weiten Teilen Europas in unterwuchsarmen Laub- und Mischwäldern und überwintert in West- und Zentralafrika. **Wissenswertes** Mit dem Schwirrgesang markiert das Männchen die Grenzen seines Reviers, die flötenden Strophen lässt es bei Anwesenheit eines Weibchens erklingen.

1

2

3

1 Berglaubsänger

Phylloscopus bonelli

> grauer Rücken
> grüne Flügel
> April–Sept.

Merkmale Länge 11–12 cm; Unterseite weiß, Oberseite grünlich grau, aber Bürzel und Flügel gelblich grün; nur schwach ausgeprägter Überaugenstreif. **Stimme** Trillernder Gesang, ähnlich dem Schwirren des Waldlaubsängers, aber ohne dessen einleitende Einzeltöne. Ruft pfeifend »hü-iht«. **Vorkommen** Brütet in höher gelegenen Wäldern Südwesteuropas und Nordwestafrikas, überwintert in Westafrika. **Wissenswertes** Auf dem Balkan und in der Türkei lebt der identisch gefärbte, ähnlich singende, aber hart »tschipp« rufende Balkanlaubsänger, der in Ostafrika überwintert.

2 Gelbbrauen-Laubsänger

Phylloscopus inornatus

> gelber Überaugenstreif
> zwei gelbe Flügelbinden
> weißliche Unterseite
> Sept.–Okt.

Merkmale Länge 9–10 cm; wirkt durch kräftige zitronengelbe Streifen über dem Auge und am Flügel (zwei Flügelbinden) vergleichsweise bunt; Oberseite sonst kräftig grün, Unterseite weiß; Schnabel zierlich. **Stimme** Sehr ruffreudig: hell und ansteigend »tsu-iist« (ähnlich Tannenmeise). **Vorkommen** Häufiger Brutvogel der sibirischen Taiga, der in Südostasien überwintert. **Wissenswertes** Alljährlich ziehen im Herbst mehrere hundert Gelbbrauen-Laubsänger in eine »falsche« Richtung und werden von aufmerksamen Vogelbeobachtern von Skandinavien bis England registriert.

3 Goldhähnchen-Laubsänger

Phylloscopus proregulus

> Gestalt ähnlich Goldhähnchen
> Flügel und Kopf stark gestreift
> gelber Bürzelfleck
> Okt.–Nov.

Merkmale Länge 9 cm; klein und gedrungen mit relativ großem Kopf, sehr stark gelb gestreift: Überaugenstreif, Scheitelstreif, zwei Flügelbinden. **Stimme** Im Brutgebiet lauter, abfallender Gesang, sonst eher stumm. **Vorkommen** Brutvogel in Nadelwäldern Zentral- und Ostasiens, der den Winter in Südostasien verbringt. **Wissenswertes** Jeden Herbst tauchen einige dieser bunten Vögel in Europa auf und werden besonders auf den berühmten Vogelzuginseln wie Öland, Helgoland oder Fair Isle entdeckt. Oft halten sie sich zwischen Wintergoldhähnchen auf.

1

2

3

1 Wintergoldhähnchen

Regulus regulus

> sehr klein
> Scheitelstreif gelb oder orange
> Oberseite gräulich grün

Merkmale Länge 8–9 cm; kleinster europäischer Vogel; überwiegend grün bis grünlich, Flügelbinden weiß, Scheitelstreif gelb (Weibchen) oder orange (Männchen), Augenring weiß. **Stimme** Sehr hoch und wispernd. Gesang rhythmisch und zum Strophenende beschleunigend, Rufe »srri« (meist zwei- bis vierfach). **Vorkommen** Jahresvogel in den meisten Bereichen Europas, im Norden Zugvogel. Brütet in Nadel- und Mischwäldern, zur Zugzeit aber weniger stark an Nadelbäume gebunden. **Wissenswertes** Rastlos huschen und schlüpfen Wintergoldhähnchen durch die dichten Zweige von Nadelbäumen und nehmen dabei kleinste Insekten und Spinnen auf. Dabei können sie auch kopfüber an den Zweigen hängen. Mitunter vollführen sie auch kurze Schwirrflüge, um Beute von Zweigspitzen zu picken. Außerhalb der Brutzeit halten sich Wintergoldhähnchen oft in lockeren Trupps auf, auch zusammen mit Meisen. Obwohl sie nur etwa 5 g wiegen, können sie auf dem Zug windige Meeresgebiete überqueren.

2 Sommergoldhähnchen

Regulus ignicapillus

> Kopf gelb-schwarz-weiß gestreift
> Oberseite leuchtend grün
> März–Nov.

Merkmale Länge 9–10 cm; Gestalt wie Wintergoldhähnchen, aber grüne Oberseite leuchtender und Kopfzeichnung mit zusätzlichem weißen Überaugenstreif viel markanter; Flügelbinden weiß; Jungvögel am Kopf nahezu ungezeichnet. **Stimme** Der sehr hohe Gesang ist kürzer und einförmiger als beim Wintergoldhähnchen und besteht praktisch nur aus dessen ansteigendem und schneller werdendem Schlussteil. Rufe sehr ähnlich wie beim Wintergoldhähnchen. **Vorkommen** Brütet in den Nadel-, Misch- und Laubwäldern Mittel- und Südeuropas. Mitteleuropäische Vögel überwintern im westlichen Mittelmeerraum, südeuropäische Vögel ziehen nicht. **Wissenswertes** Im Vergleich zu ihrer Schwesterart sind Sommergoldhähnchen weniger stark an Nadelbäume gebunden. Zum Brüten bevorzugen sie aber Nadelbäume, in denen sie ihre kugelförmigen Nester in mehr als 10 m Höhe an der Astunterseite mit Zweigen verflechten. Die Gelege können bis zu 13 Eier enthalten, die wegen ihrer sehr dünnen Schale recht empfindlich sind. Sie wiegen nur 0,6 g.

1

2

1 Trauerschnäpper

Ficedula hypoleuca

- › schwarz-weiße Oberseite
- › weiße Unterseite
- › Schnäpperflüge
- › April–Sept.

Merkmale Länge 12–14 cm; Oberseite bei Männchen (**1a**) schwarz (Skandinavien) oder schwärzlich (Mitteleuropa) und bei Weibchen (**1b**) und Jungvögeln dunkelbraun, jeweils mit weißem Flügelfeld, Unterseite rein weiß. **Stimme** Gesangsstrophen beginnen mit charakteristischem, lautem Auf und Ab (»wuti-wuti«), dem ein leiseres und variables Zwitschern folgt. **Vorkommen** Brütet in Baumhöhlen (und Nistkästen) in Wäldern und großen Gärten Mittel-, Ost- und Nordeuropas. Überwintert im tropischen Regenwald des mittleren Afrika. **Wissenswertes** Trauerschnäpper fangen Insekten, die sie vom Ansitz aus erspähen und in kurzem Flug in der Luft oder am Boden erbeuten. Viele Männchen haben zwei Brutreviere und müssen sich entsprechend um zwei Weibchen und deren Nachwuchs kümmern. Reviere werden heftig gegen rivalisierende Artgenossen und andere Singvögel verteidigt, doch beim Streit um Bruthöhlen ziehen Trauerschnäpper gegenüber Kohlmeisen oft den Kürzeren. Nahrungsterritorien werden selbst bei kurzen Rastaufenthalten beim Zug beansprucht. Im afrikanischen Winterquartier konnte mit Hilfe der Vogelberingung sogar nachgewiesen werden, dass dieselben Trauerschnäpper Jahr für Jahr in das gleiche Winterrevier zurückkehren – eine Ausnahme unter den meist umherstreifenden Wintergästen.

2 Halsbandschnäpper

Ficedula albicollis

- › ähnlich Trauerschnäpper
- › weißer Halsring
- › weißer Bürzel
- › Mai–Juli

Merkmale Länge 12–14 cm; sehr ähnlich dem Trauerschnäpper, aber Männchen mit weißem Halsband; Weibchen nur am größeren weißen Fleck im Handflügel erkennbar. **Stimme** Gesang leiser und langsamer als beim Trauerschnäpper, oft mit arttypischem, lang gezogenen »iip«, das häufig auch als einzelner Ruf zu hören ist. **Vorkommen** Brütet in lichten Wäldern und Parks von Süddeutschland und Italien, ostwärts bis Südrussland, Überwinterung im südlichen Afrika. **Wissenswertes** Weit abseits von seinem eigentlichen Verbreitungsgebiet bewohnt der Höhlenbrüter auch die schwedischen Inseln Gotland und Öland. Vom Balkan bis zum Kaukasus brütet der sehr ähnliche Halbringschnäpper, bei dem das weiße Halsband im Nacken nicht geschlossen ist.

1a

1b

2

1 Zwergschnäpper

Ficedula parva

> schwarzweißer Schwanz
> orangefarbene Kehle
> Mai–Okt.

Merkmale Länge 11–12 cm; kleiner Schnäpper mit typischem schwarzweißem Schwanzmuster, das bei dem häufigen Schwanzstelzen und im Flug gut erkennbar ist; Oberseite graubraun, Unterseite weißlich; ab einem Alter von zwei Jahren haben Männchen (**1a**) einen blaugrauen Kopf und eine orangerote Kehle. **Stimme** Gesangsstrophen bestehen aus drei Teilen: einzelne scharfe Töne am Anfang, gefolgt von rhythmischem Plaudern und einer abfallenden Tonreihe am Ende. Warnrufe leise schnarrend. **Vorkommen** Brutvogel von Nordostdeutschland und den Alpen ostwärts bis zum Pazifischen Ozean, Überwinterung von Indien bis Arabien. Bewohnt Laub-, Misch und Nadelwälder mit Altholz und Lichtungen. Langstreckenzieher mit Überwinterung in Afrika südlich der Sahara. Brutgebiet und Winterquartier können mehr als 10 000 km voneinander entfernt sein. **Wissenswertes** Auf der Suche nach Insekten, die teils im Rüttelflug von Blättern gepickt werden, halten sich Zwergschnäpper recht verborgen im Kronenbereich großer, alter Bäume auf. Besser zu sehen sind sie, wenn sie auf frei stehenden, tiefer am Baum befindlichen Ästen ihren Gesang vortragen.

2 Grauschnäpper

Muscicapa striata

> längliche Gestalt
> graubraune Oberseite
> zarte Bruststrichelung
> Mai–Sept.

Merkmale Länge 13–15 cm; oberseits graubraun, unterseits weißlich mit leichter Strichelung an der Brust; relativ langschwänzig. **Stimme** Unauffälliger Gesang aus leisen, teilweise kratzenden Tönen. Ruft häufig dünn »ssri« oder warnend »zi-teck«. **Vorkommen** Brütet in ganz Europa in lichten Wäldern, Parks und Gärten. Überwinterung in Afrika südlich der Sahara. **Wissenswertes** Grauschnäpper sind typische Halbhöhlenbrüter und in ihrer Nistplatzwahl sehr vielseitig (Nischen in Baumstämmen, an Hauswänden, auch in halboffenen Nistkästen). In Mitteleuropa gehören sie zu den spätesten Brutvögeln, denn die Eiablage beginnt vielfach erst im Juni. Grauschnäpper fressen vor allem Insekten, die sie vom Ansitz aus im Flug erbeuten. Mitunter kommt es dabei zu wendiger Verfolgungsjagd. Vor dem Verschlingen schlagen sie größere Beutetiere wie Libellen oder Schmetterlinge gegen Äste; Bienen und Wespen wird der Stachel entfernt, um innere Verletzungen zu vermeiden.

1a

1b

2

1 Schwanzmeise

Aegithalos caudatus

> Körper klein und weißlich
> Rücken dunkel
> sehr langer Schwanz
> winziger Schnabel

Merkmale Länge 13–15 cm; schwarz-weiß-braunes Federbällchen mit einem sehr langen Schwanz. **Stimme** Fast ununterbrochen werden hohe oder schnurrende Rufe geäußert. Der leise zwitschernde Gesang ist dagegen selten zu hören. **Vorkommen** Jahresvogel in ganz Europa. Brütet vor allem in Laub- und Mischwäldern, im Winter auch in offenerem Gelände. **Wissenswertes** Schwanzmeisen bauen kugelförmige Nester, die sich oft niedrig in Büschen, gelegentlich aber bis zu 30 m hoch in Bäumen befinden. Außerhalb der Brutzeit streifen sie in Trupps scheinbar rastlos durch die Gegend.

2 Bartmeise

Panurus biarmicus

> langer Schwanz
> kleiner, gelber Schnabel
> Gefieder orange
> Männchen mit schwarzem Schnurrbart

Merkmale Länge 14–16 cm; langschwänzig und in der Grundfärbung bräunlich orange; Männchen (**2a**) mit bläulich grauem Kopf und schwarzem »Schnurrbart«, Weibchen (**2b**) mit braunem Kopf; Schnabel gelborange. **Stimme** Auffällige, nasale »ping«-Rufe. **Vorkommen** Punktuell über Europa verbreiteter Jahresvogel an Gewässern mit großen Schilfbeständen. **Wissenswertes** Bartmeisen halten sich fast immer in Trupps auf und brüten auch in kleinen Kolonien. Im Sommer werden verschiedenste Insekten gefressen, im Winter sind Schilfsamen die Hauptnahrung.

3 Beutelmeise

Remiz pendulinus

> grauer Kopf mit schwarzer Maske
> rotbrauner Rücken
> dünner Schnabel
> März–Okt.

Merkmale Länge 10–11 cm; Rücken rotbraun, Unterseite beigebraun und Kopf grau mit schwarzer Maske. **Stimme** Hoher, am Ende leicht abfallender Ruf ähnlich der Rohrammer, aber feiner klingend. **Vorkommen** Sommervogel in Mittel- und Osteuropa, in Südeuropa ganzjährig. Brütet an mit Büschen und Bäumen bestandenen Feuchtgebieten und Gewässern. **Wissenswertes** Das beutelförmige Nest mit Eingangsröhre besteht aus einem Fasergerüst, das mit Samenwolle von Pappeln und Weiden ausgestopft und an herabhängenden Zweigen befestigt wird. Beutelmeisen sind oft polygam.

1

2a

2b

3

1 Sumpfmeise

Parus palustris

> Kopfplatte und Kinnfleck schwarz
> Kopfseiten weiß
> Oberseite braun
> keine Flügelbinde

Merkmale Länge 11–13 cm; Oberseite braun, Unterseite bräunlich bis weißlich, Kopfseiten weiß, aber Kopfplatte und Kinnfleck glänzend schwarz. **Stimme** Zeternde Rufe, Gesang monotone Tonreihe. **Vorkommen** Bewohnt ganzjährig Laub- und Mischwälder in weiten Bereichen Europas. Im Winter auch in Gärten und an Futterhäusern. **Wissenswertes** Sumpfmeisen bevorzugen Bruthöhlen – auch Nistkästen – mit kleinen Einfluglöchern, um der Konkurrenz durch die stärkeren Kohlmeisen zu entgehen und möglichst gut vor Nesträubern geschützt zu sein.

2 Weidenmeise

Parus montanus

> ähnlich Sumpfmeise
> größerer Kinnfleck
> helles Flügelfeld

Merkmale Länge 12–13 cm; sehr ähnlich der Sumpfmeise, aber mit größerem schwarzen Kinnfleck, bulligerem Kopf und hellem Flügelfeld; Kopfplatte matt (nicht glänzend) schwarz. **Stimme** Rufe ähnlich denen der Sumpfmeise, aber behäbiger (breit »dää-dää-dää«). Gesang aus Reihe abfallender Pfeiftöne. **Vorkommen** Ganzjähriger Bewohner von Wäldern aller Art von Mitteleuropa bis Ostasien. **Wissenswertes** Im Gegensatz zu den anderen Meisenarten zimmern sich Weidenmeisen ihre Bruthöhlen meist selbst in morsches Holz, sie können aber auch fertige Höhlen benutzen.

3 Haubenmeise

Parus cristatus

> graue Federhaube
> schwarze Kehle
> Oberseite braun
> keine Flügelbinde

Merkmale Länge 10–12 cm; hübsche kleine Meise mit auffälliger schwarz-weißer Haube, weißem Gesicht, schwarzem Kinn, brauner Oberseite und bräunlicher Unterseite. **Stimme** Trillernde Rufe, denen beim Gesang feinere Zwitschertöne hinzugefügt werden. **Vorkommen** Jahresvogel in fast ganz Europa, fehlt aber in Großbritannien und Italien. Lebt in Nadelwäldern, ist im Vergleich zu anderen Meisenarten seltener in offenem Gelände zu sehen. **Wissenswertes** Durch die Anpflanzung von Nadelwäldern haben Haubenmeisen in den letzten 100 Jahren in Deutschland stark zugenommen.

1

2

3

1 Kohlmeise

Parus major

> - schwarzer Kopf mit weißen Seiten
> - Unterseite gelb mit schwarzem Mittelstreif
> - Oberseite grün-blau
> - weiße Flügelbinde

Merkmale Länge 13–15 cm; schwarzer Kopf mit großem weißen Wangenfleck, Oberseite grünlich bis bläulich und Unterseite gelb mit schwarzem Mittelstreif, der bei Männchen (**1a**) breit und kräftig, bei Weibchen (**1b**) schmal und schwach ausgeprägt ist; Jungvögel sind unterseits weniger intensiv gelb gefärbt. **Stimme** Kohlmeisen sind ungemein stimmfreudig und verfügen über ein großes Repertoire an Rufen und Gesängen. Oft hört man Rufe wie »pink« oder ein heiseres »schä-schä-schä«. Die häufigsten Gesangsstrophen sind rhythmische, aber monoton wiederholte Tonreihen wie »zita-zita-zita…« (langsamer als bei der Sumpfmeise) oder »zizibaä-zizibaä«. **Vorkommen** Häufiger Jahresvogel in ganz Europa. Brütet in den verschiedensten Lebensräumen mit Bäumen, besonders in Wäldern, Parks und Gärten. In Nordeuropa ist ein Teil der dort brütenden Kohlmeisen Zugvogel, insbesondere in Jahren mit schlechtem Nahrungsangebot (z. B. bei geringem Vorkommen von Bucheckern).
Wissenswertes Kohlmeisen brüten natürlicherweise in Baumhöhlen, sind aber bei der Wahl ihrer Bruthöhle recht flexibel. Deshalb nehmen sie nicht nur gern Nistkästen an, sondern brüten bei Höhlenknappheit auch in Felsspalten, Briefkästen, Schwalbennestern oder Erdlöchern. Mit Hilfe ihres kleinen, aber kräftigen Schnabels können sie im Holz Höhlen bearbeiten und z. B. Einfluglöcher passend machen. Auch bei der Nahrungssuche wird der Schnabel vielseitig eingesetzt, so beim Aufhacken von Rinde oder Eicheln, um an verborgene Insekten zu gelangen, oder beim Öffnen von Sonnenblumenkernen, die sie sich bei ihren häufigen Besuchen an winterlichen Futterstellen holen. Im Sommerhalbjahr ernähren sich Kohlmeisen aber meist von Insekten, deren Stachel sie mit dem Schnabel entfernen. Jungvögel werden hauptsächlich mit Raupen gefüttert.
Kohlmeisen-Gelege bestehen meist aus 8–9 Eiern, ein Paar kann bis zu dreimal im Jahr brüten. Wegen der etwas höheren Lufttemperatur und des offenbar besseren Nahrungsangebots beginnen in der Stadt lebende Kohlmeisen im Frühjahr etwas eher mit dem Brüten als ihre Artgenossen im Wald. Im Winter streifen Kohlmeisen gern in Trupps umher, zu denen sich oft andere Meisen, Baumläufer und Kleiber gesellen. Sowohl bei der Nahrungssuche in solchen Trupps als auch bei der Konkurrenz um Bruthöhlen sind Kohlmeisen den anderen Meisen überlegen.

1a

1b

1 Tannenmeise

Parus ater

> schwarz-weißes Kopfmuster
> graue Oberseite
> bräunliche Unterseite
> zwei weiße Flügelbinden

Merkmale Länge 10–12 cm; kleine Meise mit schwarz-weißem Kopf, blaugrauer Oberseite und bräunlicher Unterseite. **Stimme** Singt gleichförmige Strophen aus zwei sich abwechselnden Tönen (»wize-wize-wize«), die weniger kräftig klingen als die der Kohlmeise. **Vorkommen** Im größten Teil Europas Jahresvogel, der in Nadelwäldern lebt. In Jahren mit viel Nachwuchs finden invasionsartige Wanderungen statt. **Wissenswertes** Häufiger als bei anderen Meisen werden Erdlöcher in Böschungen oder Höhlungen in Steinmauern zum Brüten benutzt, besonders dann, wenn Baumhöhlen knapp oder von anderen Vogelarten besetzt sind. Die Nahrung wechselt von Insekten im Sommerhalbjahr zu Nadelbaumsamen im Winter. Bei gutem Angebot verstecken Tannenmeisen Nahrung als Vorrat für ungünstigere Zeiten. In Mitteleuropa haben in jüngerer Zeit durch Abgase hervorgerufene Waldschäden stellenweise zu starker Bestandsabnahme geführt, da alte Bäume als Lebensraum verloren gingen und sich das Nahrungsangebot verschlechterte.

2 Blaumeise

Parus caeruleus

> Kopf blau-weiß
> Unterseite gelb ohne Mittelstreif
> Flügel und Schwanz blau
> weiße Flügelbinden

Merkmale Länge 10–12 cm; blau-weißer Kopf, grünliche bis bläuliche Oberseite und gelbe Unterseite ohne Mittelstreif. **Stimme** Zwar sind viele Rufe schwer von denen der Kohlmeise zu unterscheiden, doch ist der Gesang ein typischer, von zwei höheren Tönen eingeleiteter Triller. **Vorkommen** Jahresvogel in fast ganz Europa, im Norden auch Zugvogel mit in manchen Jahren invasionsartigen Einflügen nach Mittel- und Westeuropa. Lebt in verschiedenartigen Gehölzen, Wäldern und Gärten, im Winter auch im Schilf. **Wissenswertes** Ähnlich der Kohlmeise ist die Blaumeise im Winterhalbjahr eher Körnerfresser (einschließlich Besuchen an Futterstellen) und im Sommerhalbjahr überwiegend Insektenfresser. Aber auch im Winter verzichten sie nicht auf Insektennahrung, denn sie können in Schilfhalmen verborgene Insekten und deren Larven mit dem Schnabel heraushacken. Brutpaare können auch im Winter zusammenbleiben, selbst wenn sie truppweise und gemeinsam mit anderen Vogelarten umherstreifen.

1

2

1 Kleiber

Sitta europaea

> › oberseits blaugrau
> › unterseits orange
> › kurzer Schwanz
> › kräftiger Schnabel

Merkmale Länge 12–15 cm; flache, kurzschwänzige Gestalt mit kräftigem Schnabel; blaugraue Oberseite, gelborange Unterseite und schwarzer Augenstreif. **Stimme** Ruft viel und laut, meist werden ganze Serien von Rufen geäußert. **Vorkommen** Jahresvogel in Laub- und Mischwäldern sowie in Parks in fast ganz Europa. **Wissenswertes** Als einzige Vögel klettern Kleiber mit dem Kopf voran an Baumstämmen herab. Sie brüten in Baumhöhlen, wobei zu kleine Einfluglöcher aufgehämmert (»Spechtmeise«) und zu große mit Lehm zu einer passenden Größe verklebt werden – daher der Name »Kleiber«. Auch bei der Nahrungssuche ist der Schnabel ein wichtiges Werkzeug. Er wird zum Stochern nach Insekten und deren Larven unter der Rinde oder in morschem Holz ebenso benutzt wie zum Aufhacken von Haselnüssen und anderen hartschaligen Samen. Bereits im Sommer verstecken Kleiber überzählige Nahrung als Vorrat für den Winter: Insekten und Samen werden in Spalten an Ästen eingeklemmt und mit Rinde oder Moos bedeckt, teils auch einfach im Boden vergraben.

2 Mauerläufer

Tichodroma muraria

> › rot-schwarze Flügel
> › grauer Körper
> › langer Schnabel

Merkmale Länge 16–17 cm; überwiegend grau befiederter Vogel, der im Flug prächtige rote Flügelfedern offenbart (**2b**). Langer, dünner Schnabel, der leicht nach unten gebogen ist. **Stimme** Der Gesang besteht aus lang gezogenen Pfeiflauten. **Vorkommen** Brütet in felsigen Hochgebirgsregionen von den Pyrenäen bis zum Himalaya, in Deutschland nur in den Alpen. Zieht im Winter in etwas tiefere Lagen, dann gelegentlich auch abseits des Gebirges anzutreffen. **Wissenswertes** Bei der Suche nach Insekten, die sie mit ihrem langen Schnabel auch aus tiefen Ritzen heraussammeln können, klettern Mauerläufer geschickt an steilen Felswänden umher. Dabei zucken sie nahezu ununterbrochen mit ihren Flügeln. Mitunter fliegen sie kurze Abschnitte, um Insekten von glatten Felsstücken abzupicken oder Schmetterlinge zu verfolgen. Das Nest wird aus Moos, Flechten und Grashalmen in tiefen Felsspalten oder kleinen Felslöchern gebaut. Die bis zu 5 Eier werden allein vom Weibchen ausgebrütet, das währenddessen vom Männchen gefüttert wird.

1

2a

2b

1 Waldbaumläufer

Certhia familiaris

> **›Oberseite braun**
> **›Unterseite rein weiß**
> **›trillernder Gesang**

Merkmale Länge 12–14 cm; Oberseite braun gemustert, Unterseite weiß; leicht gebogener Schnabel und spechtartiger Stützschwanz. Hinterkralle relativ lang. Die feinen Unterschiede zum sehr ähnlichen Gartenbaumläufer sind im Freiland meist schwer zu erkennen, sodass den Lautäußerungen eine wichtige Rolle bei der Bestimmung zukommt. **Stimme** Gesang aus feinen Trillern, etwas an den der Blaumeise erinnernd. Die feinen Rufe sind hoch und rau (»srrie«) und erinnern an die der beiden Goldhähnchenarten. **Vorkommen** Jahresvogel in weiten Teilen Europas. Lebt in Nadel- und Mischwäldern. **Wissenswertes** Wie Spechte klettern Baumläufer bei der Nahrungssuche an Baumstämmen und großen Ästen hinauf. Oben angekommen fliegen sie zum unteren Bereich des nächsten Baumes und steigen erneut empor. Auf diese Weise können täglich bis zu 3 km Kletterstrecke zurückgelegt werden. Mit ihrem länglichen Schnabel picken sie Insekten und andere Wirbellose aus der Borke und hängen dabei manchmal auch kopfüber an der Unterseite eines Astes.

2 Gartenbaumläufer

Certhia brachydactyla

> **›Oberseite braun**
> **›Unterseite schmutzig weiß**
> **›pfeifender Gesang**

Merkmale Länge 12–14 cm; sehr ähnlich dem Waldbaumläufer, aber hinterer Bereich der Unterseite schmutzig weiß; Schnabel etwas länger und Hinterkralle relativ kurz. **Stimme** Gesang aus aufsteigender Reihe von Pfeiftönen. Häufige scharfe »tüt«-Rufe, die weit zu hören sind. **Vorkommen** Jahresvogel in Laubwäldern und Parks in Mittel-, West und Südeuropa. **Wissenswertes** Während Waldbaumläufer fast nur im Wald vorkommen, kann man Gartenbaumläufer oft in Dörfern und Städten sehen und hören. Beide Arten bauen Nester in Halbhöhlen hinter abstehenden Rindenstücken oder in Stammspalten. In solchen Nischen wird auch übernachtet, meist einzeln oder zu zweit. Bei Kälte kuscheln sich im Winter aber bis zu 20 Baumläufer aneinander, um Wärmeverluste möglichst gering zu halten. Davon abgesehen sieht man selten mehr als 1–2 Baumläufer zusammen, auch wenn sie sich größeren Trupps von Meisen angeschlossen haben. Nach dem Ausfliegen der meist 5-6 Jungvögel bleibt die Familie allerdings noch einige Tage zusammen.

1

2

1 Grauammer

Miliaria calandra

> › groß mit dickem Schnabel
> › Gefieder graubraun
> › klirrender Gesang

Merkmale Länge 16–19 cm; große Ammer mit unscheinbarem, graubraunem Gefieder und dunkler Strichelung auf der Ober- und Unterseite. **Stimme** Metallisch klirrender Gesang, der erhöht von Buschspitzen, Zaunpfählen oder Leitungsdrähten aus vorgetragen wird. Ruft leise und fast tonlos »tck«. **Vorkommen** Bewohnt ganzjährig Felder und wenig genutzte offene Landschaften in Mittel- und Südeuropa. **Wissenswertes** Grauammern singen gern von erhöhten Warten wie Büschen, Zaunpfählen oder Leitungen. Die Art leidet sehr unter der intensivierten Landwirtschaft und der ausgeräumten Landschaft. Inzwischen ist sie aus vielen Bereichen Mitteleuropas verschwunden.

2 Goldammer

Emberiza citrinella

> › Kopf und Bauch gelb oder gelblich
> › rotbrauner Bürzel
> › Flanken gestrichelt

Merkmale Länge 16–17 cm; Männchen (**2a**) sind oberseits rötlich braun, ein rötliches Brustband trennt den leuchtend gelben Kopf vom ebenfalls gelben Bauch; Weibchen (**2b**) und Jungvögel sind etwas dunkler, unterseits stärker gestrichelt, am Kopf gelb-dunkel gestreift und haben einen nur blass gelblichen Bauch. **Stimme** Der weit hörbare Gesang besteht aus mehreren kurzen Tönen und einem lang gezogenen Schlusston (»ich-ich-ich-hab-dich-lieb«). Letzterer klingt regional unterschiedlich, sodass in Mitteleuropa verschiedene Dialekte bekannt sind. Ruft rau »trütt«. **Vorkommen** Fast überall in Europa Jahresvogel in offener, buschiger Landschaft. **Wissenswertes** Zu Brutbeginn im April befinden sich die meisten Nester innerhalb von Gebüschen am Boden und werden häufig ausgeraubt. Erst wenn beginnende Belaubung mehr Sichtschutz bietet, werden Nester auch etwas höher im Busch gebaut und mit besserem Erfolg bebrütet. Die Jungvögel werden mit Insekten, Spinnen und Asseln gefüttert. Im Herbst stellen Goldammern ihre Nahrung auf Samen von Wildgräsern, aber auch auf Getreidekörner um. Daher findet man sie außerhalb der Brutzeit oft truppweise an günstigen Futterplätzen wie Wegrändern oder Misthaufen. Da inzwischen vielerorts Dreschabfälle und Stoppelfelder als Nahrungsquellen fehlen und zudem durch Heckenrodungen der Lebenraum verloren gegangen ist, sind Goldammern in unserer Landschaft seltener geworden.

1

2a

2b

1 Zaunammer

Emberiza cirlus

> schwarz-gelbes Kopfmuster
> gelber Bauch
> grauer Bürzel

Merkmale Länge 15–16 cm; ähnlich Goldammer, aber Männchen mit schwarzer Kehle, schwarzem Augenstreif und dunkler Kappe sowie grauem Brustband; Weibchen vor allem am olivgrauen (nicht rotbraunen) Bürzel erkennbar. **Stimme** Gesang schneller und tiefer als bei der Goldammer und ohne deren Schlusston. **Vorkommen** Lebt ganzjährig an locker mit Büschen und Bäumen bestandenen Hängen und Weinbergen in Frankreich und Südeuropa. **Wissenswertes** Außerhalb der Brutzeit verbleiben einige Männchen in ihren Brutrevieren, die meisten Zaunammern streifen aber in Trupps durch die umgebende Landschaft.

2 Zippammer

Emberiza cia

> grau-schwarzes Kopfmuster
> rostbraune Unterseite
> langer Schwanz
> März–Okt.

Merkmale Länge 15–16 cm; langschwänzige Ammer mit rötlich braunem Gefieder, nur Kehle und Kopf grau mit schwarzer Kopfstreifung. **Stimme** Klarer, rhythmischer Gesang, der schmetternd klingen kann. **Vorkommen** Brütet an steilen, oft felsigen Berghängen mit einzelnen Büschen in Südeuropa und Nordafrika. **Wissenswertes** Im größten Teil ihres überwiegend warmen Verbreitungsgebietes sind Zippammern Standvögel, weichen aber im Winter oft in tiefere Lagen aus. Von den wenigen Brutpaaren Südwestdeutschlands ist bekannt, dass sie in Frankreich und Italien überwintern.

3 Ortolan

Emberiza hortulana

> Kehle und Bartstreif gelb
> Bauch orangebraun
> Mai–Sept.

Merkmale Länge 15–16 cm; Kopf grünlich grau mit gelbem Bartstreif und gelber Kehle; Bauch rostbraun, Oberseite braun mit kräftiger Streifung; Weibchen deutlich blasser als Männchen. **Stimme** Gesang aus kurzen Serien drei- bis fünfmal wiederholter Flötentöne, dabei viele regionale Dialekte. **Vorkommen** Die oft sehr lückenhafte Brutverbreitung reicht von Spanien bis Zentralasien, den Winter verbringen die Vögel südlich der Sahara in Afrika. Bevorzugt offene, trockene Landschaft mit Baumgruppen. **Wissenswertes** In Europa starke Bestandsabnahme durch Klimaveränderung und intensivierte Landwirtschaft.

1

2

3

1 Rohrammer

Emberiza schoeniclus

> › Oberseite braun-schwarz gestreift
> › Männchen mit schwarzem Kopf und weißem Nackenband

Merkmale Länge 13–15 cm; Rücken beige und Flügel rotbraun, jeweils mit breiter schwarzer Streifung; Unterseite hell, beim Weibchen (**1b**) mit Fleckung; Männchen (**1a**) mit weißem Nackenband und Bartstreif sowie schwarzem Kopf und Kehllatz; Kopf des Weibchens unauffälliger gefärbt, mit breitem, hellbraunem Überaugenstreif. **Stimme** Gesang aus langsam vorgetragenen Einzeltönen, fast immer von der Spitze eines Schilfhalms oder eines Busches aus. Ruft lang gezogen, leicht abfallend »psüüü«. **Vorkommen** Brütet in weiten Bereichen Europas und Nordasiens in Feuchtgebieten, besonders im Schilf. In Nord- und Osteuropa Zugvogel mit Überwinterung im Mittelmeerraum. **Wissenswertes** Rohrammer-Nester werden ausschließlich von den Weibchen gebaut und befinden sich meist dicht am Boden und gut versteckt in Grasbüscheln oder Altschilf. Auch das knapp zweiwöchige Bebrüten der meist 5 Eier ist allein Sache des Weibchens. Das Füttern der Jungvögel übernehmen beide Partner gemeinsam, wobei der Nachwuchs nach 2 Wochen das Fliegen lernt, jedoch noch weitere 10 Tage außerhalb des Nestes betreut wird. Zur Brutzeit ernähren sich Rohrammern von Insekten und Spinnen, doch schon im Spätsommer stellen sie sich weitgehend auf Grassamen um. Auf dem Zug und im Winterquartier können Rohrammern lockere Trupps bilden.

2 Zwergammer

Emberiza pusilla

> › kastanienbrauner Kopf
> › heller Augenring
> › feine Brust- und Flankenstrichelung
> › Sept.–Dez.

Merkmale Länge 12–13 cm; kleiner als Rohrammer, aber ähnlich gefärbt; Kopf weniger gestreift und seitlich kastanienbraun; weißlicher Augenring, weißliche Flügelbinden und feine Strichelung an Brust und Flanken. **Stimme** Ruft kurz und hart »tick«. **Vorkommen** Brutvogel in der Taiga von Nordskandinavien bis Ostsibirien, der in Indien und Südostasien überwintert. Zur Brutzeit in lichten Nadel- und Birkenwäldern, auf dem Zug und im Winter auch in offenem Gelände. **Wissenswertes** In sehr kleiner Zahl gelangen Zwergammern jeden Herbst nach Mittel- und Westeuropa. Ihre im Sommer aus Insekten und im Winterhalbjahr aus Pflanzensamen bestehende Nahrung suchen sie meist am Boden.

1a

1b

2

1 Schneeammer

Calcarius nivalis

> weißer Bauch
> viel Weiß im Flügel
> Okt.–April

Merkmale Länge 15–18 cm; zur Brutzeit fast rein weiß, aber beim Männchen (**1a**) Flügelspitzen und Rücken schwarz bzw. beim Weibchen Kopf und Rücken braun; auch im Winterhalbjahr (**1b**) sehr hell, aber Oberseite und Flanken warm hellbraun; im Flug durch überwiegend weiße Flügel noch heller wirkend. **Stimme** Im Flug weiche Trillerrufe, oft in Verbindung mit melancholischem »pjü«. Der Gesang ist ein helles, kratzendes Gezwitscher. **Vorkommen** Brutvogel in der Tundra von Eurasien und Nordamerika, der jeweils südlich davon an Meeresküsten und in Steppen überwintert. Brütet in steinigen, oft vegetationslosen Bereichen und bevorzugt im Winter Felder und Salzwiesen. **Wissenswertes** Nester werden gut geschützt unter Steinplatten oder Felsbrocken gebaut. Außerhalb der Brutzeit leben Schneeammern in Schwärmen, die durch die weiß aufblitzenden Flügel schon von weitem auffallen. An Küsten suchen sie im Spülsaum nach Pflanzensamen, die aus den Salzwiesen stammen und vom Hochwasser dort abgelagert worden sind.

2 Spornammer

Calcarius lapponicus

> gelber Schnabel
> braunes Flügelfeld
> harter Ruf
> Sept.–April

Merkmale Länge 14–16 cm; Männchen (**2a**) im Brutkleid an Kopf und Brust schwarz, vom kastanienbraunen Nacken durch cremefarbenes Band getrennt; Oberseite schwärzlich braun gestreift; Weibchen (**2b**) ohne Schwarz im Kopfbereich; im Herbst ähneln alle Spornammern einem Rohrammer-Weibchen, sind aber am rotbraunen, von zwei weißen Flügelbinden begrenzten Flügelfeld und am gelblichen Schnabel gut zu erkennen. **Stimme** Schnell trillernde Rufe, die viel härter klingen als bei der Schneeammer, denen wie bei dieser oft ein pfeifendes »pjü« folgt. Der Gesang besteht aus kurzen Strophen klingelnder Töne und erinnert etwas an den der Feldlerche. **Vorkommen** Brütet in der Tundra Nordeurasiens und Nordamerikas. Skandinavische Vögel überwintern an der Nordseeküste und in Steppen von der Ukraine ostwärts. **Wissenswertes** Bei der Suche nach Sämereien, im Sommer auch nach Insekten, schlüpfen Spornammern am Boden umher und sind deshalb oft schwer zu entdecken. Aufmerksamkeit erregen sie besonders durch ihre charakteristischen Rufe.

1a

1b

2a

2b

1 Buchfink

Fringilla coelebs

> Unterseite bei Männchen rostrot, bei Weibchen hellbeige
> Flügel schwarz-weiß
> Männchen mit graublauer Kappe

Merkmale Länge 14–16 cm; bei Männchen (**1a**) Unterseite und Gesicht rostrot, Oberkopf graublau und Rücken braun; Weibchen (**1b**) unterseits hellbeige und oberseits graubraun; alle Vögel mit weißen Flügelbinden. **Stimme** Laut schmetternder, in der Tonhöhe abfallender Gesang mit Überschlag am Ende (»ich-ich-ich-bin der Bräutigam«). **Vorkommen** In ganz Europa einer der häufigsten Brutvögel in Wäldern und Parks. In Nord- und Osteuropa Zugvogel, sonst ganzjährig. **Wissenswertes** Neben dem auffälligen Gesang sind von Buchfinken verschiedene Rufe zu hören: am häufigsten ein kräftiges »pink« (daher der Name »Fink«), daneben auch rollend »rrrüp« (der so genannte »Regenruf«) und eher zurückhaltend »tjüpp«. Der letztgenannte Ruf ist vor allem von fliegenden Buchfinken zu hören, besonders auf dem Zug und im Winter, wenn sie in Trupps leben. Dann sind sie häufig gemeinsam mit Bergfinken zu beobachten und halten sich vorwiegend am Boden auf, um dort nach Samen zu suchen. Im Sommer ergänzen Insekten, die auch auf Bäumen gesammelt werden können, die Nahrung.

2 Bergfink

Fringilla montifringilla

> Kopf schwarz oder grau
> Brust orange
> Bürzel weiß
> Sept.–April

Merkmale Länge 14–16 cm; ähnlich Buchfink, aber Kopf und Rücken schwarz (Männchen im Sommer) bis grau (Männchen im Winter, **2b**, und Weibchen, **2a**), Brust orange; im Flug am weißen Bürzel einwandfrei zu erkennen. **Stimme** Am quäkenden Ruf gut aus Buchfinken-Trupps herauszuhören. Gesang monoton, abfallend und rau »rrrrüh« (ähnlich dem Schlusston der Grünfinkenstrophe). **Vorkommen** Nordeuropäischer Brutvogel in lichten Nadel- und Birkenwäldern, der in Mittel- und Südeuropa überwintert und dann besonders in Buchenwäldern lebt. Im Winter auch in Parks und Gärten mit Besuchen an Futterstellen. **Wissenswertes** Die Verbreitung im Winter ist von Jahr zu Jahr unterschiedlich und richtet sich nach dem Vorkommen der Hauptnahrung, den Bucheckern. In »Mastjahren« können sich in Buchenwäldern mit reichhaltigem Nahrungsangebot riesige Schwärme von weit mehr als einer Million Vögel versammeln. Im Sommer besteht die Nahrung in erster Linie aus Käferlarven und Spannerraupen.

1a

1b

2a

2b

1 Girlitz

Serinus serinus

> Kopf und Brust grünlich gelb
> gelber Bürzel
> schneller, anhaltender Gesang
> April–Okt.

Merkmale Länge 11–12 cm; kleiner Fink mit gelbgrünem Gefieder und schwarzer Strichelung; im Flug gelblicher Bürzel; Männchen kräftiger gefärbt als Weibchen. **Stimme** Der schnelle, quietschend klirrende Gesang wird entweder in einem fledermausartigen Flug mit langsamen Flügelschlägen oder von Baumspitzen und Fernsehantennen aus vorgetragen. Ähnlich klingende, trillernde Rufe. **Vorkommen** Jahresvogel im Mittelmeerraum, in Mittel- und Osteuropa überwiegend Zugvogel. Bewohnt vor allem Parks und Gärten im Bereich menschlicher Siedlungen, in Südeuropa auch in lichten Nadelwäldern. **Wissenswertes** Der Girlitz ist ein naher Verwandter des Kanarienvogels. Die Art stammt ursprünglich aus dem Mittelmeerraum und ist von dort aus erst in den letzten 80–200 Jahren in Deutschland eingewandert. In Gärten und Parks profitieren Girlitze von angepflanzten Nadelbäumen als Brutplätze sowie von der Pflege von Grasflächen und Beeten, die Pflanzensamen am Boden zugänglich macht.

2 Grünfink

Carduelis chloris

> Körper grün-grau
> gelbes Flügelfeld
> großer Schnabel

Merkmale Länge 14–16 cm; Männchen (**2a**) fast einfarbig gelblich grün, aber gelbes Flügelfeld; Weibchen (**2b**) blasser und am Rücken schwach gestreift; Schnabel grau bis blassrosa. **Stimme** Durch die Verwendung verschiedener Elemente wirkt der trillernde und zwitschernde Gesang etwas abgehackt; oft endet er mit einem lang gezogenen rauen Schlusston. Gelegentlich fledermausartige Singflüge. Rufe meist in Serien (»jüp-jüp-jüp«). **Vorkommen** Jahresvogel in fast ganz Europa, in Nordskandinavien Zugvogel. Bewohnt vor allem Parks und Gärten, auch in Siedlungen und an Waldrändern. **Wissenswertes** Der kräftige Schnabel kennzeichnet Grünfinken als Körnerfresser, die im Winter gern truppweise an Futterhäusern auftauchen. Kleinere Samen lösen sie geschickt mit Schnabel und Zunge aus den Blüten, größere wie Sonnenblumenkerne werden mit dem Schnabel aufgebissen. Gern fressen Grünfinken auch das Fruchtfleisch von Hagebutten. Insekten spielen nur bei der Aufzucht der Jungvögel eine Rolle, verfüttert werden aber auch zuvor aufgeweichte Samen. Ihre Nester bauen sie bevorzugt im Geäst von Fichten und Wacholder.

1

2a

2b

1 Erlenzeisig

Carduelis spinus

> › Körpergefieder grün-gelb
> › Flügel schwarz mit gelber Binde
> › gelber Bürzel

Merkmale Länge 11–12 cm; bei den kontrastreich gefärbten Männchen (**1a**) ist der Rücken grün; Gesicht, Brust, Bürzel und Flügelbinden sind gelb, Kopfkappe und Kinn dagegen schwarz; Weibchen (**1b**) sind oberseits grünlich mit gelben Flügelbinden und unterseits weiß mit dunkler Strichelung. **Stimme** Der unauffällige Gesang besteht aus einem feinen Zwitschern und endet mit einem lang gezogenen Summen. Feine, traurig klingende Rufe. **Vorkommen** Bewohnt Nadel- und Mischwälder; in Mittel- und Osteuropa sowie in Gebirgen Südeuropas ganzjährig, in Skandinavien Zugvogel. **Wissenswertes** Mit ihrem spitzen Schnabel sind Erlenzeisige darauf spezialisiert, Samen aus Erlenzapfen herauszuarbeiten. Dabei hängen sie oft kopfüber an den Zapfen. Als Nahrung beliebt sind auch Samen von Fichten und Birken. Außerhalb der Brutzeit leben Erlenzeisige in Trupps, die im Flug wegen der sehr geringen Abstände der Vögel zueinander einen sehr dichten Eindruck machen. Typischerweise wirkt ihr Flug dann leicht und hüpfend.

2 Stieglitz

Carduelis carduelis

> › Kopf schwarz-weiß-rot
> › Flügel schwarz-gelb
> › Rücken braun

Merkmale Länge 12–14 cm; farbenprächtiger Fink mit schwarz-weiß-rotem Kopf, braunem Rücken und großem gelben Flügelfeld; bei Jungvögeln fehlt das bunte Kopfmuster noch. **Stimme** Vom dreisilbigen Ruf (»sti-ge-litt«), der besonders im Flug ertönt, leitet sich der Name dieses Vogels ab. Der Gesang ist ein leises Zwitschern, in den immer wieder der typische Ruf eingeflochten wird. **Vorkommen** Ganzjährig anwesender Brutvogel in lichten Wäldern und lockeren Baumbeständen (z. B. Obstgärten) in Mittel-, Ost- und Südeuropa. Nahrungssuche in offener Landschaft, zumeist auf Brachflächen oder an Wegrändern. **Wissenswertes** Stieglitze ernähren sich fast ausschließlich von Pflanzensamen. Ihr volkstümlicher Name »Distelfink« verrät, dass sie sich dabei auf Disteln spezialisiert haben. Mit dem für Finkenvögel recht langen und spitzen Schnabel ziehen sie die Distelsamen geschickt aus den Blüten. Zum Brüten finden sich mitunter mehrere Paare zu lockeren Gruppen zusammen, deren Mitglieder auch gemeinsam auf Nahrungssuche gehen.

1a

1b

2

1 Bluthänfling

Carduelis cannabina

› Oberseite braun
› Männchen mit grauem Kopf, roter Stirn und roter Brust

Merkmale Länge 12–14 cm; Männchen (**1a**) mit roter Stirn an grauem Kopf, roter Brust und braunem, ungestreiftem Rücken; Weibchen (**1b**) oberseits braun und unterseits weiß mit Strichelung an der Brust, aber stets weniger gestreift als Berghänflinge; Schnabel grau. **Stimme** Die zwei- oder dreisilbig vorgetragenen Rufe (»tüg-itt«) klingen weicher als die des Grünfinken. Der Gesang beginnt mit ähnlichen Tönen und setzt sich mit verschiedenen Trillern und quäkenden Tönen fort. **Vorkommen** In Mittel- und Südeuropa ganzjährig, in Ost- und Nordeuropa Zugvogel. Bewohnt offene Landschaft mit dichtem Gebüsch, auch im Bereich von Siedlungen. **Wissenswertes** Durch die Rodung von Hecken sind den Bluthänflingen vielerorts die Brutplätze in der offenen Landschaft genommen worden. Andererseits profitieren sie von Gebüschen in Gärten und scheuen dort beim Brüten auch nicht die Nähe des Menschen. Zugute kommt ihnen, dass sie bei der Wahl des Brutplatzes sehr flexibel sind und sowohl in belaubten Büschen als auch in Koniferen Nester bauen können. Die Nahrung besteht ganz überwiegend aus Sämereien von Wildkräutern, die sie in erster Linie in Ödlandflächen und an Wegrändern sammeln. Auch die Jungvögel erhalten von ihren Eltern überwiegend Körnerfutter. Besonders wenn es sich dabei um ältere Pflanzensamen handelt, werden diese vorher im Kropf aufgeweicht. An nahrungsreichen Orten bilden Bluthänflinge außerhalb der Brutzeit größere Trupps.

2 Berghänfling

Carduelis flavirostris

› Bürzel rosa
› Schnabel gelb
› Unterseite gefleckt
› Okt.–April

Merkmale Länge 12–14 cm; unscheinbar braun gestreifter Fink mit rosafarbenem Bürzel und gelbem Schnabel. **Stimme** Gesang schnell trillernd. Charakteristischer Ruf ist ein quäkendes, in der Tonhöhe leicht steigendes »twäiid«, aber auch unauffällig »tjätt«. **Vorkommen** Bewohnt in Skandinavien und Schottland Heide und Tundra. Überwinterung in küstennahen Gebieten rund um Nord- und Ostsee, mitunter auch im Binnenland. **Wissenswertes** Im Winter suchen Berghänflinge truppweise in Salzwiesen und Ödland nach Pflanzensamen. Abends sammeln sie sich an Schlafplätzen, die sich sogar mitten in der Stadt in Nischen von Gebäuden befinden können.

1a

1b

2

1 Birkenzeisig

Carduelis flammea

> rote Stirn
> gelber Schnabel
> stark gestreift

Merkmale Länge 12–14 cm; kleiner und gedrungener als Bluthänfling, aber ebenfalls mit rotem Stirnfleck; Gefieder stark gestreift, dabei die Grundfarbe bei den dunkleren mitteleuropäischen Vögeln warm bräunlich, bei den helleren skandinavischen Vögeln kühl weißlich; Männchen (**1a**) zur Brutzeit mit roter Brust, aber Ausdehnung variabel; Schnabel klein und gelb. **Stimme** Ruft hart »tschett« (meist mehrfach). Der Gesang besteht aus solchen Rufen, in die raue Triller eingebettet werden. **Vorkommen** In Mitteleuropa und Großbritannien besiedeln Birkenzeisige in den Bergen Nadelwälder, im Tiefland dagegen Siedlungen mit Gärten und Parkanlagen. In Nordeuropa brüten sie überwiegend in Birken- und Nadelwäldern. **Wissenswertes** Die Anzahl nordischer Birkenzeisige, die den Winter in Mitteleuropa verbringen, unterliegt jahrweise starken Schwankungen. Sowohl von den Alpen als auch von Großbritannien her haben sich Birkenzeisige in den letzten Jahrzehnten über Mitteleuropa auch als Brutvogel ausgebreitet und besiedeln inzwischen die meisten Städte. Da sie ihren Gesang bei ausgedehnten Singflügen hören lassen, ist es schwierig, den genauen Brutplatz festzustellen.

2 Karmingimpel

Carpodacus erythrinus

> laut flötender Gesang
> Gefieder rot oder graugrün
> Mai–Okt.

Merkmale Länge 14–15 cm; Weibchen und einjährige Männchen unscheinbar olivgrün mit leichter Strichelung an der Ober- und Unterseite; ältere Männchen an Kopf, Brust und Bürzel prächtig rot; Schnabel dick und rundlich. **Stimme** Unverwechselbarer Gesang aus etwa 4–5 sehr lauten, auf- und absteigenden Pfeiftönen. Ruft unauffällig quäkend »wäh«. **Vorkommen** Brütet in verschiedenartigen buschigen, meist feuchten Lebensräumen von den Alpen, Norddeutschland und Südskandinavien aus ostwärts bis Ostsibirien. Das Winterquartier erstreckt sich von Indien bis Südostchina. **Wissenswertes** Karmingimpel haben ihr Brutareal in jüngerer Zeit spektakulär erweitert. Sowohl entlang der Alpen als auch an der Ostsee drangen sie westwärts vor und brüten nun z. B. mit mehreren hundert Paaren in Norddeutschland. Anhand ihres Gesangs sind sie im Mai und Anfang Juni leicht zu entdecken, doch schon bei Brutbeginn verstummen die Männchen.

1a

1b

2

1 Kernbeißer

Coccothraustes coccothraustes

> sehr großer, dicker Schnabel
> Gefieder überwiegend braun
> weiße Felder an Flügel und Schwanz

Merkmale Länge 17–18 cm; großer Fink mit mächtigem Schnabel, der zur Brutzeit dunkelgrau, sonst aber blass bräunlich gefärbt ist; buntes Gefieder in verschiedenen Braun- und Grautönen; im Flug auffällige weiße Flügelbinde und weiße Binde am Schwanzende. **Stimme** Ruft scharf »zick«. Der Gesang ist leise und besteht aus einer Mischung der scharfen Rufe mit lang gezogenen, gepressten Tönen. **Vorkommen** Jahresvogel in Mittel-, Süd- und Osteuropa, der in Laub- und Mischwäldern brütet, aber auch Gärten und Parks besucht. **Wissenswertes** Wie der Name andeutet und der kräftige Schnabel zeigt, können Kernbeißer stabile Pflanzensamen bis hin zum Kirschkern knacken. Da sie Kirschen und Früchte anderer Baumarten meist weit oben im Geäst suchen, sind sie am besten zu sehen, wenn sie zum Trinken an Pfützen kommen. Kernbeißer sind nicht nur im Winterhalbjahr gesellig, sondern brüten gern in lockeren Verbänden von einigen Paaren.

2 Gimpel, Dompfaff

Pyrrhula pyrrhula

> bullige Gestalt
> schwarze Kopfplatte
> weißer Bürzel
> Flügel schwarz mit weißer Binde

Merkmale Länge 16–17 cm; bulliger Fink mit grauem Rücken, weißem Bürzel, weißer Flügelbinde und schwarzer Kappe; Unterseite bei Männchen (**2a**) kräftig rosarot und bei Weibchen (**2b**) bräunlich grau; schwarzer, sehr dicker und kurzer Schnabel. **Stimme** Weiche, leicht abfallende und traurig klingende Rufe (»düü«). Der unauffällige Gesang, ein leises Pfeifen und Trillern, ist nur selten zu hören. **Vorkommen** Jahresvogel in Mittel- und Nordeuropa. Brütet in Mischwäldern und Parks, im Winter gern in Gärten und häufig an Futterhäusern. **Wissenswertes** Gimpel nehmen überwiegend pflanzliche Nahrung zu sich und bevorzugen Sämereien – besonders Brennnessel und Ahorn – sowie Knospen – vor allem Pflaume und Ahorn. Von den Früchten entfernen sie das Fruchtfleisch und fressen nur den Kern. Jungvögel werden auch mit Insekten gefüttert. Paare können lange zusammenhalten und sind häufig auch im Winter zusammen zu beobachten. Zuweilen erscheinen im Herbst etwas größere nordeuropäische Gimpel bei uns, erkennbar auch an den tieferen, nasalen Rufen.

1

2a

2b

1 Fichtenkreuzschnabel

Loxia curvirostra

> › überkreuzter Schnabel
> › Männchen rot, Weibchen grün
> › Bürzel jeweils leuchtend gefärbt

Merkmale Länge 15–17 cm; Männchen (**1a**) mit rotem und Weibchen (**1b**) mit grünem Gefieder, Flügel jeweils dunkel; bei einjährigen Männchen kann ein Teil der Federn noch grün sein; Schnabelspitzen überkreuzen sich. **Stimme** Ruft laut und klar »gipp«, meist mehrfach. **Vorkommen** Jahresvogel in Nadelwäldern in fast ganz Europa sowie in weiten Teilen Nordasiens und Nordamerikas. **Wissenswertes** Mit ihrem eigentümlich geformten Schnabel können Kreuzschnäbel die Samenschuppen von Koniferenzapfen aufschneiden, um an den Samen zu gelangen. Da die Vögel stark an das Vorkommen fruchtender Nadelbäume gebunden sind, ist ihre Verbreitung sehr unstet, sodass sie als Nomaden zu bezeichnen sind. Bei gutem Nahrungsangebot lassen sie sich vorübergehend nieder und beginnen zu brüten, mitunter auch mitten im Winter. Bei schlechtem Nahrungsangebot weichen sie invasionsartig in andere Regionen aus. Meist in Trupps und auch beim Brüten in lockeren Gruppen. Ihre Anwesenheit verraten sie durch laute Rufe. Man kann sie dann meist im Wipfelbereich von Nadelbäumen mit Zapfen entdecken, meist zeigen sie sich aber als fliegende Trupps. Auf den Boden kommen sie nur zum Trinken.

2 Kiefernkreuzschnabel

Loxia pytyopsittacus

> › dicker, überkreuzter Schnabel
> › großer, stiernackiger Kopf

Merkmale Länge 16–18 cm; Gefiederfärbung mit roten Männchen (**2a**) und grünen Weibchen (**2b**) sehr ähnlich wie beim Fichtenkreuzschnabel; Kiefernkreuzschnäbel sind aber etwas größer und besonders durch den großen, stiernackigen Kopf gröber proportioniert; deutlich dickerer Schnabel, der weniger stark überkreuzt wirkt. **Stimme** Rufe etwas tiefer und trüber als beim Fichtenkreuzschnabel (»küpp«), aber nur mit Übung unterscheidbar. **Vorkommen** Lebt ganzjährig in Skandinavien und Nordrussland und bewohnt dort Nadelwälder, vor allem Kiefernwälder. **Wissenswertes** Mit ihrem kräftigen Schnabel haben sich Kiefernkreuzschnäbel auf das Öffnen von Kiefernzapfen spezialisiert. Da Kiefern regelmäßiger Zapfen bilden als Fichten, kommt es seltener zu Nahrungsengpässen. Deshalb sind Invasionen nach Mittel- und Westeuropa seltener und umfassen deutlich weniger Vögel, obwohl Nomadentum auch innerhalb des Brutareals dieser Art bekannt ist.

1a

1b

2a

2b

1 Bindenkreuzschnabel

Loxia bifasciata

> schlanker, überkreuzter Schnabel
> leuchtend weiße Flügelbinden

Merkmale Länge 14–16 cm; die Gefiederfärbung der roten Männchen (**1a**) und der grünen Weibchen erinnert sehr an Fichtenkreuzschnäbel, auffälliger Unterschied ist jedoch das Vorhandensein von zwei breiten weißen Flügelbinden. Auch wenige Fichtenkreuzschnäbel haben weiße Flügelbinden, diese sind jedoch viel schmaler. Gefieder der Jungvögel (**1b**) bräunlich mit Strichelung **Stimme** Rufe dünner als beim Fichtenkreuzschnabel und eher an Buchfinken erinnernd (»tjipp«). Arttypisch ist ein nasaler, trompetenartiger Ruf. **Vorkommen** Jahresvogel in Nadelwäldern von Finnland bis Ostsibirien und in Nordamerika.
Wissenswertes Zwar nomadisieren auch Bindenkreuzschnäbel innerhalb ihres Brutgebietes, doch verschlägt es sie noch seltener als Kiefernkreuzschnäbel nach Mitteleuropa. Ihre sehr kleinen Einflüge können schon im Sommer beginnen. Ihrem zierlicheren Schnabel entsprechend bearbeiten sie bei der Nahrungssuche meist kleine Zapfen wie die von Lärchen.

2 Schneesperling

Montifringilla nivalis

> großes weißes Flügelfeld
> weißer Bauch
> grauer Kopf

Merkmale Länge 17–19 cm; relativ großer, an Finken erinnernder Singvogel mit weißem Bauch und großen weißen Flügelfeldern; Rücken braun, Kopf grau; im Sommer Kehle und Schnabel schwarz, im Winter Kehle hell und Schnabel gelblich. **Stimme** Gesang aus Reihen heller Töne mit eingesprengten rauen Trillern. Verschiedene, hell klingende Rufe. **Vorkommen** Lebt ganzjährig in felsigen Bereichen der Hochgebirge von den Pyrenäen bis zum Himalaya. In Deutschland nur in den Alpen. **Wissenswertes** Im Sommer finden Schneesperlinge im Hochgebirge problemlos genügend kleine Insekten und Spinnen. Doch selbst im Winter bleiben sie hoch in den Bergen und suchen dort in schneefreien Bereichen nach Sämereien. Nur ausnahmsweise wandern sie in die Tallagen hinab. Dennoch können einzelne Vögel weite Strecken fliegen, z. B. von den Alpen zum französischen Zentralmassiv und zu den Pyrenäen. Ihre Nester bauen sie in Felsspalten oder Steinhaufen, aber auch in Höhlungen an Hütten oder Skiliftmasten. Dabei werden gelegentlich lockere Kolonien von bis zu 20 Paaren gebildet. In Anpassung an das kalte Milieu haben Schneesperlinge eine mit 25 °C ungewöhnlich niedrige Bruttemperatur.

1a

1b

2

1 Haussperling

Passer domesticus

> › dicker Schnabel
> › Oberseite gestreift braun
> › Männchen mit schwarzem Kehllatz und grauem Scheitel

Merkmale Länge 14–16 cm; Männchen (**1a**) oberseits kastanienbraun mit schwarzer Streifung, Oberkopf, Kopfseiten und Unterseite grau, schwarzer Kehllatz; Weibchen (**1b**) oben braunschwarz gestreift und unten grau. **Stimme** Verschiedene schilpende und ratternde Rufe. »Gesang« aus einer Reihe langsam wiederholter »schilp«-Rufe. **Vorkommen** Jahresvogel in Städten und Dörfern in ganz Europa. **Wissenswertes** Haussperlinge gehören zu den typischsten Bewohnern menschlicher Siedlungen und sind in solchen nach verschiedenen Einbürgerungen fast weltweit vertreten. Bei uns sind die Bestände rückläufig, da die Vögel nicht nur Brutplätze verloren haben (»ordentlicher« gebaute Häuser), sondern auch ungünstigere Ernährungsbedingungen vorfinden: Zum einen hat Gifteinsatz in Gärten und Landwirtschaft zu vermindertem Insektenangebot geführt, zum anderen ist die offene Kleintierhaltung vielerorts verschwunden, sodass weniger Körnerfutter ergattert werden kann. Zudem können durch das rasche Umpflügen abgeernteter Felder keine verloren gegangenen Getreidekörner mehr gefunden werden. Die Nahrungssuche erfolgt fast immer in Trupps, die Schutz vor Angriffen von Greifvögeln oder Katzen bieten. Auch beim Brüten lieben Haussperlinge Geselligkeit. Meist nisten sie in lockeren Gruppen, doch gibt es unter Dächern auch große Gemeinschaftsnester von bis zu 20 Paaren.

2 Feldsperling

Passer montanus

> › Oberkopf kastanienbraun
> › schwarzer Fleck auf weißer Wange

Merkmale Länge 13–14 cm; ähnlich Haussperling, aber etwas kleiner, Oberkopf rotbraun und weiße Wange mit schwarzem Fleck. **Stimme** Ähnlich Haussperling, häufig aber härtere und rauere Rufe. **Vorkommen** Jahresvogel von Südeuropa bis Südskandinavien. Lebt in Dörfern und Gärten, häufiger als Haussperlinge in offener Landschaft. **Wissenswertes** Feldsperlinge brüten in Baumhöhlen und nehmen gern Nistkästen an. Gegenüber dem Menschen zeigen sie aber größere Scheu als ihre nahen Verwandten. Außerhalb der Brutzeit bilden sie wie diese große Trupps, in denen sie oft gemeinsam mit Goldammern und verschiedenen Finkenarten der Nahrungssuche nachgehen.

1a

1b

2

1 Eichelhäher

Garrulus glandarius

> Rücken und Bauch bräunlich rosa
> blauschwarzes Flügelfeld
> weißer Bürzel

Merkmale Länge 32–35 cm; Körpergefieder bräunlich rosa, Schwanz schwarz, Bürzel weiß; schwarzer Bartstreif und blau-schwarz gemusterte Flügeldecken. **Stimme** Am häufigsten sind die weit durch den Wald dringenden rätschenden Rufe zu hören. Neben einer Vielzahl anderer Rufe gelegentlich solche, die einem Bussard zum Verwechseln ähnlich sind (»hijäh«). **Vorkommen** In ganz Europa Jahresvogel in Wäldern, besonders im Winter auch im Siedlungsbereich. **Wissenswertes** Eichelhäher sind Allesfresser, die im Herbst Eicheln bevorzugen. Als Vorrat für den nahrungsärmeren Winter werden Eicheln und andere Baumfrüchte versteckt. Dazu fliegen sie bis zu mehrere Kilometer zu einer Eiche, sammeln mehrere Eicheln im Kropf und fliegen wieder in ihr Revier zurück. Dort graben sie mit Schnabelhieben für jede Eichel ein Loch in den Erdboden und verscharren sie darin. Da einige Eicheln im Winter nicht wiedergefunden werden, tragen Eichelhäher zur Verbreitung von Eichen bei. Obwohl meist Standvogel, führen sie bei Nahrungsarmut invasionsartige Wanderungen durch.

2 Tannenhäher

Nucifraga caryocatactes

> dicht weiß gefleckt
> braune Kappe
> Unterschwanz weiß

Merkmale Länge 32–35 cm; braunes, weiß getupftes Gefieder; Unterschwanz und Schwanzendbinde weiß. **Stimme** Schnarrende Rufe, die rauer und schriller klingen als beim Eichelhäher. **Vorkommen** Lebt ganzjährig in den Nadelwäldern der Alpen, der mitteleuropäischen Mittelgebirge und Nordosteuropas. **Wissenswertes** Tannenhäher fressen in erster Linie Haselnüsse, Walnüsse und Samen von Nadelbäumen, die sie zwischen die Zehen oder in eine Astgabel klemmen und dann mit ihrem kräftigen Schnabel aufhacken. Bereits im Spätsommer beginnen sie damit, Nüsse und Zapfen im Boden zu vergraben. Einzelne Tannenhäher legen dabei bis zu 6000 Verstecke an, die bis zu 100 000 Samen enthalten. Diese Vorräte dienen bis zur nächsten Reifeperiode als Nahrung, also nicht nur im Winter, sondern auch im folgenden Sommer bei der Jungenaufzucht. Etwa 80% der Samen werden wiedergefunden, die anderen tragen erheblich zur Ausbreitung der entsprechenden Baumarten bei. In den Alpen verbreiten sich Arven fast nur durch Tannenhäher.

1

2

1 Elster

Pica pica

- sehr langer Schwanz
- Kopf, Brust und Rücken schwarz
- Bauch weiß
- Flügel schwarz-weiß

Merkmale Länge 40–51 cm; unverwechselbarer, schwarz-weißer Vogel mit langem Schwanz. Schwarze Gefiederpartien können bei bestimmten Lichtbedingungen grünlich bis bläulich glänzen. **Stimme** Lautes Schackern, oft mehrsilbig. **Vorkommen** In ganz Europa Jahresvogel in der offenen Landschaft mit Gehölzen und Hecken, auch im Siedlungsbereich und in Parkanlagen. **Wissenswertes** Durch die Ausräumung der Landschaft sind Elstern in den letzten Jahrzehnten verstärkt in Städte und Dörfer eingewandert. In Laubbäumen sind dort ihre kugelförmigen Nester aus Reisig gut erkennbar, in Nadelbäumen dagegen besser versteckt. Elstern sind Allesfresser, die im Sommer vorwiegend Insekten und Regenwürmer zu sich nehmen, im Winterhalbjahr aber besonders Pflanzensamen und Früchte fressen. Stets sind aber auch Aas und Abfälle Bestandteil ihrer Nahrung. Im Frühjahr erbeuten sie auch Jungvögel anderer Arten, doch hat dies nachweislich keinen negativen Einfluss auf die Bestandsentwicklung der betroffenen Vögel.

2 Kolkrabe

Corvus corax

- mächtiger Schnabel
- komplett schwarzes Gefieder
- keilförmiger Schwanz

Merkmale Länge 54–67 cm; wie Krähen mit ganz schwarzem Gefieder, aber größer und mit sehr kräftigem Schnabel sowie keilförmigem Schwanz. **Stimme** Ruft tief und rollend »krrock«. **Vorkommen** Jahresvogel in weiten Teilen Europas, aber in vielen Regionen auf das Bergland beschränkt. Brütet in Felswänden von Gebirgen und in ausgedehnten Wäldern. **Wissenswertes** Kolkraben ernähren sich überwiegend von Mäusen und Aas , nehmen aber auch Eicheln, Körner und ähnliche Pflanzensamen zu sich. Gern fressen sie Nach- und Totgeburten von Schafen, doch dass sie angeblich Lämmer töten, gehört in die Welt der Fabeln. Einen Teil ihrer Nahrung verstecken sie für ungünstigere Zeiten. Kolkraben gelten als sehr verspielt, besonders zur Brutzeit vollführen sie akrobatische Flugspiele. Im Gegensatz zu vielen anderen Singvögeln bleiben Kolkraben-Paare ein Leben lang zusammen. Obwohl mehr als die Hälfte der Jungvögel bereits im ersten Lebensjahr zugrunde geht, können Kolkraben über 20 Jahre alt werden.

1

2

1 Dohle

Corvus monedula

> kleine Krähe
> Gefieder gräulich schwarz
> Hinterkopf grau
> ruffreudig

Merkmale Länge 30–34 cm; kleine Krähenart mit überwiegend schwarzem, am Kopf grauem Gefieder. **Stimme** Auffällige, bellende »kjack«-Rufe. **Vorkommen** Ganzjährig von Südeuropa bis Südskandinavien. Osteuropäische Dohlen verbringen den Winter in Mitteleuropa. **Wissenswertes** Ursprünglich sind Dohlen Höhlenbrüter, die sowohl in Felswänden als auch in Baumhöhlen nisten. Da in der modernen Forstwirtschaft vielerorts alte Bäume fehlen, sind sie aus Wäldern meist verschwunden; in Altholzbeständen werden verlassene Schwarzspecht-Höhlen benutzt. Die meisten Dohlen brüten heute an Gebäuden, obwohl durch Sanierung und Vergitterung gegen Haustauben auch hier Brutplätze verloren gegangen sind. Neuerdings besiedeln Dohlen verstärkt Dünen an der Küste und brüten dort in Kaninchenhöhlen. Als gesellige Vögel bilden Dohlen oft Brutkolonien und gehen fast immer im Trupp auf Nahrungssuche. Im Winter bilden sie gemeinsam mit Saatkrähen große Schwärme, an Schlafplätzen treten sie auch zusammen mit Raben- und Nebelkrähen auf.

2 Alpendohle

Pyrrhocorax graculus

> Gefieder schwarz
> Schnabel gelb
> Beine kurz

Merkmale Länge 36–39 cm; Gefieder einfarbig schwarz; Schnabel gelb, Beine kurz und rot. **Stimme** Rufe scharf »srrrü« oder metallisch pfeifend. **Vorkommen** Jahresvogel in felsigen Bereichen der Hochgebirge von Spanien bis zum Himalaya. In Deutschland nur in den Alpen. **Wissenswertes** Alpendohlen gehören zu den auffälligsten Vögeln im Hochgebirge. Meist fliegen sie in Schwärmen umher und bevölkern auch Seilbahnstationen, Hütten und andere von Menschen frequentierte Bereiche, um dort Abfälle zu ergattern. Ihre natürliche Nahrung besteht aber aus Insekten, Würmern und kleinen Wirbeltieren, im Winter auch aus Beeren und Knospen. Nester werden bevorzugt in Spalten und Höhlungen unzugänglicher Felswände gebaut, doch gibt es auch Bruten an Gebäuden. Alpendohlen sind ausgesprochene Flugkünstler, die die Aufwinde im Gebirge geschickt zum Segeln und Gleiten nutzen. Mit angelegten Flügeln erreichen sie bei Sturzflügen an Felswänden entlang Geschwindigkeiten von bis zu 200 km/h.

1

2

1 Saatkrähe

Corvus frugilegus

> spitzer Schnabel mit hellem Ansatz
> komplett schwarzes Gefieder
> Schwanzende rundlich

Merkmale Länge 41–49 cm, schwarzes Gefieder, am Schnabelansatz weißliche, nackte Hautstelle. **Stimme** Rufe klingen heiserer und tonloser als bei der Rabenkrähe. **Vorkommen** Lokal Brutvogel in Mittel- und Westeuropa, aber weit verbreitet in Osteuropa. Dortige Brutvögel ziehen zum Überwintern nach Mittel- und Südeuropa. **Wissenswertes** Saatkrähen brüten in dichten Kolonien hoch in großen Bäumen, oft mitten in Städten und Dörfern. Gesellig sind sie auch bei der Nahrungssuche, vor allem aber beim Nächtigen an großen Schlafplätzen mit im Winter bis zu 150 000 Vögeln.

2 Rabenkrähe

Corvus corone

> kräftiger, schwarzer Schnabel
> komplett schwarzes Gefieder
> Schwanzende gerade

Merkmale Länge 44–51 cm; schwarzes Gefieder, Schnabel schwarz und mit gebogenem First. **Stimme** Krächzende Rufe, die meist drei- bis viermal wiederholt werden. **Vorkommen** Jahresvogel von Mittel- bis Südwesteuropa. **Wissenswertes** Rabenkrähen sind allgegenwärtige Vögel in der offenen Landschaft, kommen aber auch in Siedlungen vor. Sie brüten entweder auf einzelnen Bäumen und Hochspannungsmasten oder am Waldrand. Brutvögel sind wenig gesellig; sonst werden gern Trupps gebildet, die meist kleiner sind als bei den Saatkrähen. Als Aasfresser profitieren Rabenkrähen von durch den Verkehr getöteten Tieren am Straßenrand.

3 Nebelkrähe

Corvus cornix

> Rücken und Bauch grau
> Kopf, Kehle und Flügel schwarz

Merkmale Länge 44–51 cm; ähnlich Rabenkrähe, aber Bauch und Rücken hellgrau. **Stimme** Wie Rabenkrähe. **Vorkommen** Jahresvogel in der Osthälfte Europas, in Nordosteuropa Zugvogel. **Wissenswertes** Raben- und Nebelkrähen wurden bis vor kurzem als zu einer Art (»Aaskrähe«) gehörig betrachtet. Ihre Verbreitungsgebiete überschneiden sich nur in einem schmalen Bereich, der etwa entlang der Elbe verläuft. Dort gibt es Mischbruten aus Raben- und Nebelkrähen, die Gefiederfärbung des Nachwuchses nimmt mit etwas weniger grauem Gefieder eine Mittelstellung ein.

1

2

3

1 Neuntöter
Lanius collurio

> rotbrauner Rücken
> schwarze Maske
> kräftiger Schnabel
> Mai–Sept.

Merkmale Länge 16–18 cm; bei Männchen (**1a**) Rücken braun, Bürzel und Kopf grau und Unterseite blassrosa; schwarze Maske und schwarz-weißer Schwanz; Weibchen (**1b**) viel blasser und unterseits gebändert; kräftiger Hakenschnabel. **Stimme** Gesang ein kaum hörbares Schwatzen, Alarmruf ein raues »dschää«. **Vorkommen** Brütet in Hecken und Gebüschen der offenen Kulturlandschaft in fast ganz Europa, überwintert von Zentral- bis Südafrika. **Wissenswertes** Erbeuten Neuntöter einen Überschuss an Insekten und Mäusen, so spießen sie diese als Vorrat für knappere Zeiten an Dornen auf.

2 Raubwürger
Lanius excubitor

> grauer Rücken
> schwarze Maske
> weißes Flügelfeld
> langer Schwanz

Merkmale Länge 22–26 cm; großer, langschwänziger Singvogel mit grauer Oberseite, schwarzweißen Flügeln, weißer Unterseite und schwarzer Maske. **Stimme** Ruft ähnlich einer Trillerpfeife, Gesang schwatzend und von Warte aus vorgetragen. **Vorkommen** Brütet in offener Landschaft mit großen Gebüschen in Nordeuropa (dort Zugvogel) und Mitteleuropa (ganzjährig anwesend). **Wissenswertes** Raubwürger sind die »Greifvögel« unter den Singvögeln, denn neben Insekten fressen sie besonders Mäuse und kleine Vögel, die sie von erhöhtem Ansitz aus erspähen.

3 Rotkopfwürger
Lanius senator

> Hinterkopf rotbraun
> restliches Gefieder schwarz-weiß
> April–Sept.

Merkmale Länge 17–19 cm; auffälliges, schwarz-weißes Gefieder mit kastanienbrauner Kappe; Weibchen blasser gefärbt als Männchen. **Stimme** Schwatzender Gesang mit Imitationen anderer Vogelstimmen, von Paaren auch im Duett gesungen. **Vorkommen** Bewohnt im Sommer trockene, buschige Lebensräume rund um das Mittelmeer, Überwinterung südlich der Sahara in Afrika. **Wissenswertes** Aufgrund von Lebensraumverlust und feuchter gewordenem Klima sind die Bestände in den letzten Jahrzehnten stark zurückgegangen, aus Süddeutschland ist die Art fast völlig verschwunden.

1a

1b

2

3

1 Pirol

Oriolus oriolus

> amselgroß
> Männchen gelb mit schwarzem Flügel
> Weibchen grünlich
> großer, rötlicher Schnabel
> Mai–Sept.

Merkmale Länge 22–25 cm; alte Männchen (**1a**) sind leuchtend gelb befiedert, nur die Flügel sind schwarz; Weibchen (**1b**) und einjährige Männchen sind gelblich grün mit gestrichelter Unterseite; kräftiger, rosa bis rot gefärbter Schnabel. **Stimme** Kräftiger und melodischer Gesang, dessen Strophen aus meist 3–5 klaren Flötentönen besteht. Heisere, leicht in der Tonhöhe ansteigende Rufe (»wäääk«). **Vorkommen** Brütet in hochstämmigen, oft feuchten Laubwäldern Süd-, Mittel- und Osteuropas, bevorzugt in Gewässernähe. Die Überwinterungsgebiete befinden sich sowohl im Regenwald des zentralen Afrika als auch in trockeneren Wäldern der Südhälfte des Kontinents. **Wissenswertes** Nicht nur im Deutschen (inklusive des volkstümlichen Namens »Vogel Bülow«), sondern auch in anderen Sprachen hat die Art einen lautmalerischen Namen, der vom charakteristischen Gesang abgeleitet wurde (französisch »Loriot«, englisch »Oriole«, italienisch »Rigogolo«). Der Gesang wird gelegentlich auch von Weibchen vorgetragen, klingt bei diesen aber leiser und höher als bei den Männchen. Ohne ihre Stimme blieben Pirole weitgehend unbemerkt, da sie gut versteckt und durch ihre Gefiederfärbung zudem gut getarnt in belaubten Baumkronen leben. Dort gehen sie auch auf Nahrungssuche und nehmen Früchte und Beeren, besonders aber Raupen zu sich. Pirole gehören zu den wenigen Vögeln, die auch stark behaarte Raupen fressen. Auch das Brutgeschäft erfolgt verborgen im Geäst hoher Bäume, wo das Weibchen ein Nest aus Grashalmen und Rinde in einer Astgabel baut. Die 3–4 Eier werden zweieinhalb Wochen lang von Männchen und Weibchen abwechselnd bebrütet. Die Aufzucht der Jungvögel nimmt weitere 5 Wochen in Anspruch. Die letzten zweieinhalb Wochen dieser Zeit werden die Jungen schon außerhalb des Nestes betreut. Anschließend trennt sich die Familie, und alle ihre Mitglieder ziehen einzeln in ihr afrikanisches Winterquartier. Dabei wird in der Regel nachts geflogen, die Tageszeit dagegen zum Auftanken der Fettvorräte als »Treibstoff« für die nächste Flugetappe genutzt. Dies ist besonders wichtig vor der Überquerung von Mittelmeer und Sahara. Trockenlegung von Auwäldern und Fällen von Altholzbeständen haben in Mitteleuropa zu einer Gefährdung des Pirols geführt. Negativ wirken sich auch die durch Schadstoffimmissionen lichter werdenden Baumkronen auf die Bestandsentwicklung aus.

1a

1b

Zweiteilige deutsche Namen wurden meistens nur einmal und zwar mit dem vorangestellten Gattungsnamen aufgeführt, z. B. »Nordische Schafstelze« unter »Schafstelze, Nordische«.

Bildnachweis
Bethge/Hecker: 17u, 25o; **Bethge:** 89u; **Buchner:** 25ml, 41m, 55m, 63o, 91ul, 91ur, 97o, 101m; **Danegger:** 7, 11m, 11u, 19o, 39m, 39o, 85u, 93ur, 113o, 115u, 117m; **Gensbol:** 105ml; **Hecker:** 2/3, 21o, 23o, 25mr, 27m, 29o, 31o, 33u, 49ol, 51o, 55u, 59o, 61o, 75o, 77o, 79u, 81m, 87o, 93m, 95m, 103u, 107u, 109m, 109o, 109u, 111o, 111u, 113u; **Halley:** 99u; **Heintzenberg:** 21u, 65u; **Hüttenmoser:** 81u; **Jachmann:** 15u, 23u, 37ur, 65m; **Limbrunner:** 8/9, 13ml, 13mr, 13o, 13u, 29u, 37ul, 43u, 49m, 59u, 71u, 73ml, 77u, 85o, 89m, 91m, 101u, 103m, 117u, 119or, 121o; **Moosrainer:** 11o, 27o, 29m, 33o, 35m, 47m, 47u, 49u, 51m, 53m, 53u, 59m, 61m, 63m, 87m, 91o, 93o, 99o, 105m, 119u; **Mestel/Hecker:** 95u; **Pfützke:** 19u, 61u, 107m; **Schmidt:** 65o, 97u, 35u; **Silvestris/Schiermann:** 105mr; **Wohte:** 107o; **Zeininger:** 5, 15m, 15o, 17m, 17o, 19m, 21m, 23m, 25u, 27u, 31u, 35o, 37m, 37o, 39u, 41o, 41u, 43m, 43o, 45m, 45o, 45u, 47o, 49or, 51u, 53o, 55o, 57m, 57o, 57u, 63u, 67o, 67u, 69m, 69o, 69u, 71m, 71o, 73mr, 73o, 73u, 75m, 75u, 79o, 81o, 83o, 83u, 85m, 87u, 89o, 93ul, 95o, 97m, 99m, 101o, 103o, 105o, 115o, 117o, 119m, 119ol, 121u

Mit 171 Abbildungen von Bethge/Hecker (2), Bethge (1), Buchner (8), Danegger (11), Gensbol (1), Hecker (28), Halley (1), Heintzenberg (2), Hüttenmoser (1), Jachmann (4), Limbrunner (21), Moosrainer (20), Mestel/Hecker (1), Pfützke (3), Schmidt (3), Silvestris/Schiermann (1), Wohte (1), Zeininger (62); 2 farbigen Zeichnungen von Steffen Walentowitz (Seite 1) und 8 Schwarzweißzeichnungen von Wolfgang Lang (Umschlaginnenseite hinten)

Umschlaggestaltung von eStudio Calamar unter Verwendung einer Aufnahme einer Blaumeise von Helmut Partsch

Bibliografische Information der Deutschen Bibliothek

Die Deutsche Bibliothek verzeichnet diese Publikation in der Deutschen Nationalbibliografie; detaillierte bibliografische Daten sind im Internet über http://dnb.ddb.de abrufbar

Gedruckt auf chlorfrei gebleichtem Papier

ISBN 13: 978-3-440-10744-7
ISBN 10: 3-440-10744-2
Projektleitung: Stefanie Tommes
Lektorat, Satz, Layout, Bildauswahl:
Barbara Kiesewetter, Redaktionsbüro, München
Produktion: Johannes Geyer
Grundlayout: eStudio Calamar
Printed in Italy / Imprimé en Italie